青鸟童书

只做对得起时间的书

北京科技大学 北京科学学研究中心 专家审定

（排名不分先后）

王道平教授　　　　于广华教授

徐言东高级工程师　孙雍君副教授　　卫宏儒副教授

芮海江副教授　　　韩学周副教授　　杨丽助理研究员

|全景手绘版|

孩子读得懂的
自然简史

◎ 布封 原著　　◎ 熊梦薇 编著　　◎ 赵冠亚 绘

北京理工大学出版社
BEIJING INSTITUTE OF TECHNOLOGY PRESS

图书在版编目（CIP）数据

孩子读得懂的自然简史 / 熊梦薇编著 ; 赵冠亚绘.
-- 北京 : 北京理工大学出版社, 2021.9
ISBN 978-7-5763-0089-5

Ⅰ.①孩… Ⅱ.①熊… ②赵… Ⅲ.①自然科学史—
世界—少儿读物 Ⅳ.①N091-49

中国版本图书馆CIP数据核字（2021）第144176号

出版发行 / 北京理工大学出版社有限责任公司
社　　址 / 北京市海淀区中关村南大街5号
邮　　编 / 100081
电　　话 / （010）68914775（总编室）
　　　　　　（010）82562903（教材售后服务热线）
　　　　　　（010）68944723（其他图书服务热线）
网　　址 / http://www.bitpress.com.cn
经　　销 / 全国各地新华书店
印　　刷 / 唐山才智印刷有限公司
开　　本 / 787毫米×1200毫米　　1/12
印　　张 / 7　　　　　　　　　　　　　　　　责任编辑 / 李慧智
字　　数 / 90千字　　　　　　　　　　　　　文案编辑 / 李慧智
版　　次 / 2021年9月第1版　2021年9月第1次印刷　　责任校对 / 刘亚男
定　　价 / 78.00元　　　　　　　　　　　　　责任印制 / 施胜娟

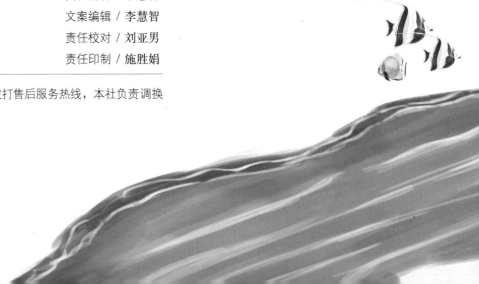

目录

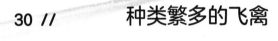

地球，我们的家园

地球，所有生物和非生物共有的家园，她是多么美丽！蔚蓝的，像蓝宝石一样的是大海；碧绿的，像地毯一样保护着大地的是森林；白白的，像棉花糖一样的是云朵。除难以言喻的美丽外，地球上还有许多神奇的事情：突然喷发的火山、神奇的板块运动、不断循环的水资源……

想更好地了解地球吗？那就一起来看看吧！

从海洋蒸发的水蒸气，被热力环流带到陆地上空，凝结成雨、雪等降落到地面，又通过河流汇入海洋。

湖泊是海陆水循环中一个重要的环节。

河流入海口是成淡水交界的地方，泥沙沉积常常形成河口三角洲。

海底也有像陆地一样高低起伏的地形，海洋与陆地接壤的地方是大陆架，海底山脉露出海面的是岛屿，海底还有海沟、海盆等。

平原地形土壤比较肥沃，适合发展种植业，交通也比较便利，因而是最适合人类大规模居住的地区。

山地和**丘陵**的地形相对复杂，物种资源也比较丰富，适合发展林业和畜牧业。

地下的岩浆涌动，在地层薄弱处冲出地面，这就是**火山喷发**。

一场奇幻之旅

📍 第一站　浩瀚无边的宇宙

仰望星空时，你是否好奇过，地球之外的世界是怎样的，宇宙有多大呢？

迄今为止，人类已观测到的宇宙包含四个层次的天体系统，以地球为中心，由大到小依次是：总星系、银河系及河外星系、太阳系及同一层次的恒星系统、地月系及同一层次的行星系统。

宇宙中至少有2万个星系，其中有90%的星系是目前人类所观测不到的。

总星系

银河系

太阳系

地月系

地球是太阳系唯一有生命存在的行星，因为日地距离适宜，且有可供呼吸的大气和饮用水。

◆ 地球上有太平洋、印度洋、大西洋和北冰洋四大洋。

◆ 大洋水深一般在3000米以上，最深可达10000多米。

◆ 洋流可以分为暖流和寒流。洋流的水温比到达海区的水温高即为暖流，反之则为寒流。

◆ 地球上的水在海陆间不断循环，形成了永不停息的动态系统。通过水循环，海洋不断向陆地输送淡水，补充和更新陆地上的淡水资源。

📍 第二站 银河系——我们的地球在哪里

现在,让我们把镜头拉近,从浩渺的宇宙回到我们居住的银河系,来到银河系的猎户座旋臂。接着,再穿过一片梦幻的奥尔特云。哟嚯,到太阳系了!仔细瞧瞧,第三环那颗蔚蓝的星球——地球,它正沉稳地、安静地旋转着,在自转的同时,也围绕着太阳旋转,自西向东,不知疲倦。

我们在这里!

宇宙中的天体互相吸引,形成了以质量大的天体为中心,其他天体围绕这个中心旋转的天体系统。在太阳系中,太阳是中心,所有行星都围绕太阳旋转。

珊瑚礁就像一座巨大的海底城市,成千上万的海洋生物生活在其中。

📍 第三站 水的世界——海洋

准备好了吗?我们要从太空降落到地球啦!屏住呼吸,穿过大气层,降落!糟糕,好像出现了点失误,掉进了水的世界——海洋。海洋的总面积约为 3.61 亿平方千米,约占地球表面积的 71%。在这里,海水常年大规模地沿一定方向进行较为稳定的流动(洋流),调节地球表面的热环境。

在海底,生活着千百万不同种类的居民,它们有的裹覆着薄甲,轻盈地在不同的地方穿梭;有的身负厚重的甲壳,缓慢地爬行于水底的泥沙之上;有的则依靠大自然赋予它们的翅形鳍来游动;还有一些拒绝任何活动方式,依附在各类岩石上生活,随波浮动……

📍 第四站　美妙的地表世界——陆地

穿过茫茫的海洋，一条隐隐约约的海岸线出现了。到陆地了！

比起海洋，陆地在这颗星球上的面积可不算多，大约只有 1.49 亿平方千米，占地球表面积的 29%。陆地上有高低起伏的山脉，有一马平川的平原，有星罗棋布的岛屿，还有荒无人烟的沙漠……地表世界真美妙呀！

内地核

外地核

下地幔

上地幔

地壳

平原：海拔在 200 米以下，地势平坦开阔的区域。

高原：海拔在 500 米以上，上方平坦开阔，周边以明显的陡坡为界，比较完整的大面积隆起区域。

盆地：四周高，中间低，相对封闭的区域，整体就像一个"盆"。

地形与地貌

地貌是地球表面各种形态的总称。地表形态是多种多样的，其成因是内、外力地质作用对地壳综合作用的结果。内力地质作用造成了地表起伏，形成了山地、高原、平原、丘陵、盆地等地形；外力地质作用如流水、风力、太阳辐射等对地壳表层物质不断地风化、剥蚀、搬运和堆积，形成了现在地表的各种形态，如风蚀地貌、喀（kā）斯特地貌等。

海洋和陆地下的岩层都是由大板块构成的，地球的岩石圈被构造带分为六大板块，即太平洋板块、亚欧板块、印度洋板块、非洲板块、美洲板块和南极洲板块。亚欧板块和太平洋板块相互碰撞挤压，形成了环太平洋火山地震带。

在这个火山地震带上，分布着500多座活火山。

沙漠：干燥气候影响下所产生的风成地貌，被沙质土壤所覆盖，降水量少，植被稀疏。

第五站　神秘的地球内部

咦？什么声音？轰——轰——

滚滚的浓烟中，暗红色的岩浆从地球内部喷涌而出，通红的岩石飞向高空又快速落下，留下一条条火红的划痕。是火山在喷发！这里可能是板块的交界处。地底的高温将岩石熔化成岩浆，当熔岩库里的压力大于岩石顶盖的压力时，就会出现火山喷发了！

丘陵：地形相对崎岖，有一定起伏的区域。

那么，火山喷发的岩浆来自哪里呢？

地球内部主要划分为地壳、地幔、地核三大层。其中，地幔又分为上地幔和下地幔两层。在上地幔的上部，物质主要呈熔融状态，火山喷发的岩浆主要来自该处。

山地：地势比丘陵更为陡峭的区域，海拔通常在500米以上。

新生代：被子植物开始出现，且哺乳动物增多，人类也出现了。

古生代：海洋中出现了红藻和绿藻，还有许多低等无脊椎动物和原始鱼类；海陆交接处有两栖动物在活动，陆地上遍布蕨类植物，潮湿处有苔藓在生长。

太古代：汪洋中只有菌类和一些低等蓝藻。

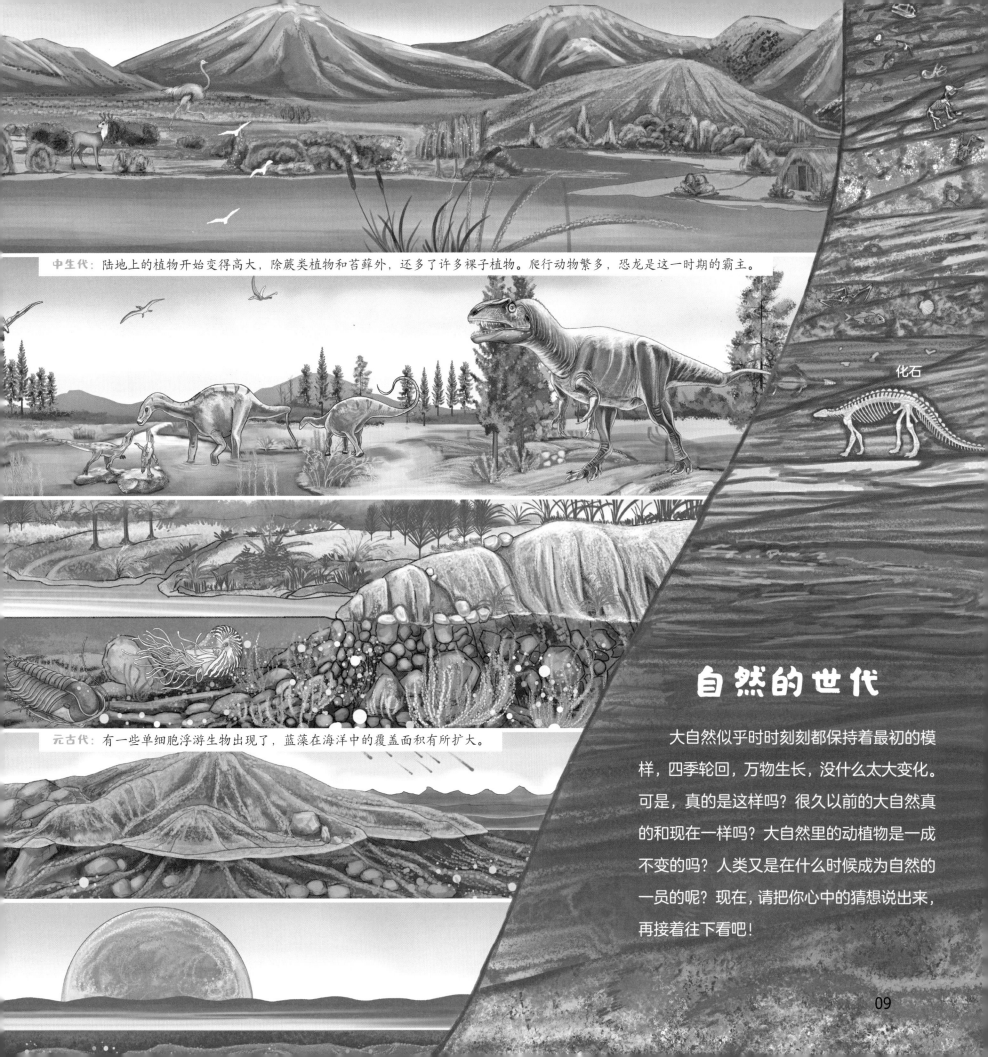

中生代：陆地上的植物开始变得高大，除蕨类植物和苔藓外，还多了许多裸子植物。爬行动物繁多，恐龙是这一时期的霸主。

化石

元古代：有一些单细胞浮游生物出现了，蓝藻在海洋中的覆盖面积有所扩大。

自然的世代

大自然似乎时时刻刻都保持着最初的模样，四季轮回，万物生长，没什么太大变化。可是，真的是这样吗？很久以前的大自然真的和现在一样吗？大自然里的动植物是一成不变的吗？人类又是在什么时候成为自然的一员的呢？现在，请把你心中的猜想说出来，再接着往下看吧！

大自然的几个分期

我们的地球，曾经在很长很长的一段时间里都处于一团热气、火焰炽烈的状态，就像一个大火球。在此期间，任何生命都无法生存。

后来，出现了海洋，地球上除了菌类和蓝藻外，什么生命也没有。

渐渐地，在这片汪洋之中，陆地出现了，其他生命也出现了，是一些可爱的单细胞浮游生物呢！

到了古生代，许多低等无脊椎动物、鱼类、两栖动物出现了。陆地上也冒出了密密麻麻的蕨类植物，它们为动物提供了丰富的食物。

中生代是爬行动物和裸子植物的时代，恐龙在这个时期成为地球的霸主。

到了新生代，陆地上一片花团锦簇，哺乳动物迅速发展，地球上越来越热闹啦！

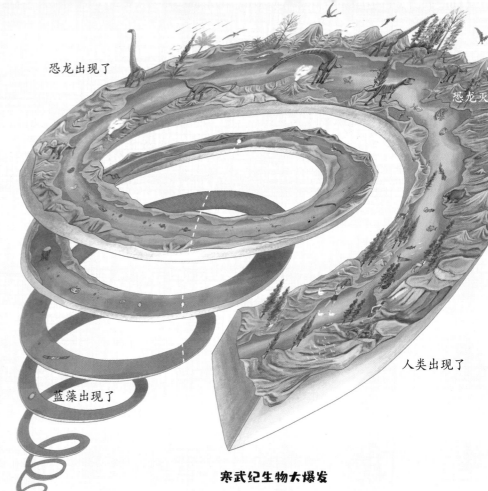

寒武纪生物大爆发

距今 5.4 亿年前，地球上发生了一次特别壮观的生物演化事件，不到 3000 万年的时间里，海洋中涌现了许多新型生物，许多动物的后代今天依然存在。

时期	植物	动物	特征
太古代 （46 亿~34 亿年前）	/	/	地球刚成形，没有陆地，一片汪洋，有菌类和低等的蓝藻
元古代 （34 亿~6 亿年前）	细菌、藻类	/	出现陆地雏形，海洋中出现单细胞浮游生物，有菌类和藻类
古生代 （6 亿~2.3 亿年前）	真核藻类 裸蕨植物 蕨类植物	无脊椎动物 鱼类 两栖动物	亚欧大陆等七大板块基本形成，藻类、低等无脊椎动物产生
中生代 （2.3 亿~6500 万年前）	裸子植物	爬行动物	动植物大量产生和繁殖，气候带开始形成，恐龙经历了产生和灭绝
新生代 （6500 万年前至今）	被子植物 现代植物	哺乳动物 现代动物	哺乳动物和被子植物高度繁盛

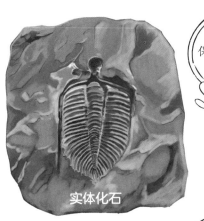

实体化石

我完整地保留了古生物的遗体哦!

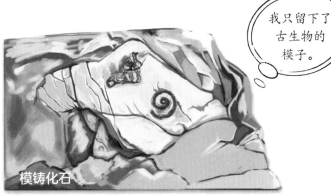

模铸化石

我只留下了古生物的模子。

矿化化石

我是造岩物取代了古生物的化石。

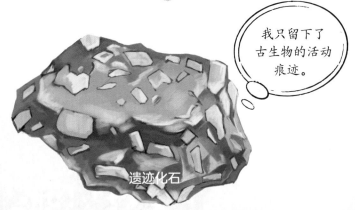

遗迹化石

我只留下了古生物的活动痕迹。

无言的记载者——化石

洪荒时代离我们是如此遥远,我们怎么能知道以前的生物呢?当然是因为有化石啦!在漫长的地质年代里,地球上曾经生活过无数的生物,它们死亡后的遗体或是生活时遗留下来的痕迹,被当时的泥沙掩埋起来,经过石化作用变成了化石。并且,越简单、越低等的生物化石往往总是出现在越古老的地层里。

始祖鸟化石

在德国发现的始祖鸟化石被认为是爬行动物演化成鸟类的典型证据。始祖鸟既有鸟类的特征,又具有爬行动物的身体结构特征,说明它是一种从爬行动物到鸟类的过渡物种。

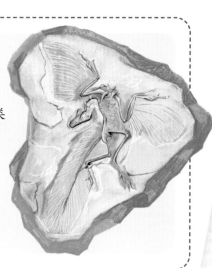

人类出现啦

走过漫长的洪荒时代，人类终于出现在地球上。可惜，此时的环境过于恶劣，除洪水外，还有常常爆发的火山，初民们只能无助地生活在动荡的大地上。在此情境下，他们开始意识到团结的力量，共同抵御敌人、建造房屋、制作武器。接着，他们学会用火，在森林和荒野中创造出一片属于人类的天地。

根据制作工具用的材料，将人类早期的历史分为三个时代

以石头作为工具的**石器时代**。

铸造青铜作为工具的**青铜时代**。

在冶炼青铜的过程中人们逐渐掌握了冶铁术，**铁器时代**到来了。

科学与和平

后来，人类发明了蒸汽机，横渡海洋，发现了新大陆；探究了电磁感应现象，学会利用电，创造了一系列电力设备和产品；掌握了信息技术，交往、沟通更为迅捷，形成了相互交织、联通的网络……科学技术，让生活变得更加美好。

然而，人类也在利益的驱使下制造了太多的苦难：新大陆的发现带来残酷的战争，无休止的军备竞赛让各国人民高度紧张、生活困苦……只有拥护和平，并把它作为人类的共同目标去追求，科技才能真正保障全人类的幸福。

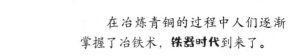

蒸汽机

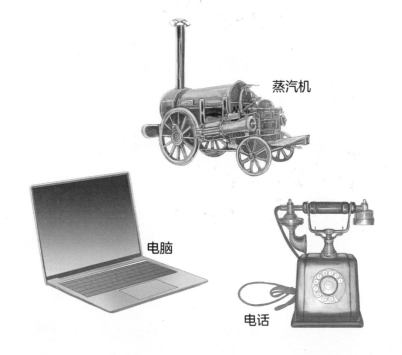

电脑

电话

蕨类

藻类

裸子植物

被子植物

植 物

苔藓

布封的分类法

　　我们常说的自然界包括哪些事物呢？在布封的观念里，自然界可以按照物质的不同分为动物、植物和矿物。接着，根据动物的活动空间，再将它们分为生活在陆地上的四足兽、天空中的鸟类和水里的鱼类；根据植物的高度、质地和外形，将它们分为藻类、苔藓、蕨类、裸子植物和被子植物等。

　　布封的分类法是基于他对自然界事物的简单考察，根据事物与人类的关系以及人类对它们的熟悉程度进行划分的，这是一种比较简单和自然的划分方式。

矿物

矿 物

鱼类

鸟类

四足兽

动 物

认识动物

变色龙盘在树枝上，身体颜色和周围融为一体。

早在元古代，海洋里就出现了地球上第一批原始居民。它们经过漫长的地质时期，从简单的单细胞动物逐渐演化出各种分支，经历了从低等到高等、从简单到复杂的演化过程，形成了丰富多彩的动物界。

小朋友，你想知道动物的发展历程吗？感兴趣的话，就接着看下去吧。

山前雾气弥漫，是大雨要来了。

一群悠闲的猴子，有的坐在岩石上，有的跳到树梢去摘果子吃，有的在互相梳理毛发……

水里有一堆青蛙卵，有的已经孵化出蝌蚪；蝌蚪有的已经长出后腿，有的长出前腿，有的已经发育成小青蛙，在岸边的草丛里找吃的。

一只蜘蛛正在织网。

湖泊里有各种淡水
鱼类、虾类、田螺和贝
类。大雨将至，鱼儿浮
上水面来换气。

燕子在湖面
上低空飞过。

湖边空气湿润，
蜗牛在树枝上爬行。

15

动物的分类

不同于布封的分类，现代生物学根据动物的身体内部构造、胚胎发育的特点、生理习性等特征对动物进行分类。

水母和海星都是无脊椎动物。

无脊椎动物和脊椎动物

无脊椎动物是背侧没有脊柱的动物。它们是动物的原始形式，有150多万种，地球上超过 96% 的动物都是无脊椎动物，包括变形虫、草履虫等原生动物，水母、水螅、海葵等腔肠动物，血吸虫、绦虫等扁形动物，蚯蚓、沙蚕等环节动物，螺蛳、河蚌、章鱼等软体动物，蜘蛛、蜈蚣等节肢动物，海星、海参等棘皮动物。

脊椎动物是有脊椎的动物。目前，地球上已知的脊椎动物有 5 万多种，包括鲤鱼、草鱼等鱼类，蛇、蜥蜴等爬行动物，青蛙、大鲵（ní）等两栖动物，白鹤、天鹅等鸟类，以及猫、兔子等哺乳动物。

兔子是脊椎动物。

胎生与卵生

动物还可以分为卵生动物和胎生动物。卵生动物通过产卵的方式繁殖下一代，胎生动物则是在雌性动物体内形成新生命。

鸡是卵生动物。

猫是胎生动物。

恒温与变温

体温也是对动物进行分类的一种依据。科学家根据动物是否拥有恒定的体温，将动物分为恒温动物和变温动物。

恒温动物拥有恒定的体温，无论外界环境是冷还是热，恒温动物自身的体温都是恒定不变的。变温动物的体温则相反，它们的体温会随着环境温度的变化而变化。

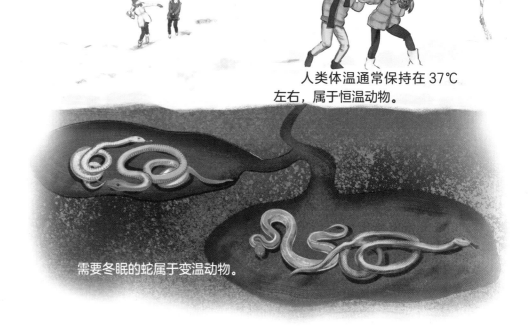

人类体温通常保持在 37℃左右，属于恒温动物。

需要冬眠的蛇属于变温动物。

软体动物

科学家们推测软体动物最早出现在前寒武纪时期。它们身体柔软，具有坚硬的外壳，行动迟缓，多数生活在海洋中，只有少部分生活在淡水中和陆地上。

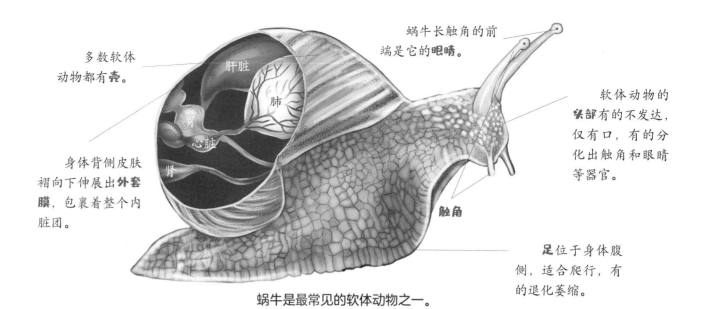

多数软体动物都有**壳**。

身体背侧皮肤褶向下伸展出**外套膜**，包裹着整个内脏囝。

蜗牛长触角的前端是它的**眼睛**。

软体动物的**头**部有的不发达，仅有口，有的分化出触角和眼睛等器官。

触角

足位于身体腹侧，适合爬行，有的退化萎缩。

蜗牛是最常见的软体动物之一。

环节动物

环节动物是动物演化程度较高的阶段，它们标志着高等无脊椎动物的开始，约有 1.3 万种。环节动物的身体有许多形态相似的环形体节，体节之间有双层隔膜。

再生能力超强的蚯蚓

蚯蚓是一种常见的陆生环节动物，整个身体就像两头尖的"管子"套在一起，皮肤湿润有黏液。

蚯蚓有非常强的再生能力，失去的部分能够重新长出来。这是因为它在受到伤害时，会分泌出一种黄色的带有黏性的物质把伤口包裹起来，使得伤口能够快速愈合。之后，细胞再生，和身体里溶解的肌肉细胞相互连接，形成再生芽。

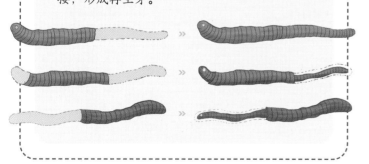

节肢动物

节肢动物是身体分节、附肢也分节的动物，是动物中种类最多、数量最大、分布最广的一类。全世界约有 120 万种节肢动物，常见的节肢动物有蝗虫、蜻蜓、蜘蛛、蜈蚣、虾、蝴蝶等。

节肢动物的主要特征

❶ 身体两侧对称，通常可分为头、胸、腹三部分，每个体节上都有一对附肢。

❷ 有发达坚实的外骨骼，幼虫会定期蜕皮。

❸ 拥有丰富的感觉器官，包括触觉、味觉、嗅觉、听觉、平衡觉和视觉等感觉器官。

❹ 多为卵生，少部分为卵胎生。

蜘蛛

蜘蛛是常见的节肢动物，也是食肉性动物，喜欢吃昆虫和其他节肢动物，有时甚至能捕食比自己的身体还要大几倍的动物，如南美洲的捕鸟蛛等。

鱼类

鱼类是最古老的脊椎动物，从淡水湖泊、河流到大海和大洋，都能看到鱼类的存在。

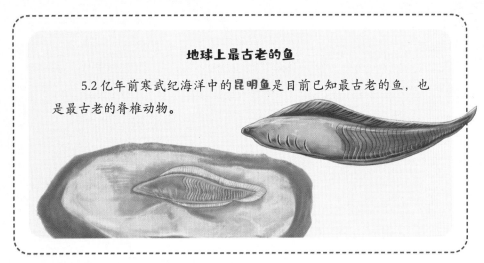

地球上最古老的鱼

5.2亿年前寒武纪海洋中的昆明鱼是目前已知最古老的鱼，也是最古老的脊椎动物。

形态各异的鱼

所有鱼的外形都一样吗？你见过哪些形状的鱼呢？地球上现存的已发现的鱼类约有3.2万种，它们形态各异，各自的本领也很不一样。

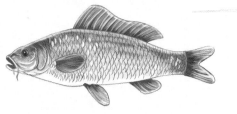

纺锤形：一般鱼类都是这种体形，适合在水中游泳，整个身体像纺锤一样。

侧扁形：从背部到腹部的距离大于左右两侧的距离，即体高而扁的一类鱼，游泳能力比纺锤形鱼类差，很少长途迁移，一般生活在水域的中下层。

棍棒形：这类鱼的身体特别长，左右轴很短，整体呈棍棒状，游泳能力比侧扁形鱼类强，喜欢生活在水底的泥土和沙石中。

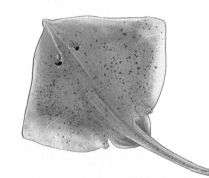

平扁形：左右轴特别长，腹背轴很短，行动迟缓。

生活在水里
用鳃呼吸
用鳍游泳
脊椎动物

两栖动物

作为第一批登陆的脊椎动物，两栖动物有着最长的发展历史。它们由鱼类演化而来，刚出生时生活在水里，经过变态发育后，便登上湿润的陆地，在陆地生活。

两栖动物有哪些？

地球上现有的两栖动物约有4 000种，包括青蛙、雨蛙、树蛙、蟾蜍、大鲵、蝾螈（róng yuán）、蚓螈等。

如果动物在发育过程中，在形态结构和生活习性上有显著变化，则这种发育过程被称为**变态发育**。

青蛙的变态发育

青蛙的发育可以分为四个阶段，分别是受精卵、蝌蚪、幼蛙和成蛙。

蝌蚪是如何变成青蛙的？

受精卵在温暖的水中发育

成蛙的鳃会萎缩，体内形成肺，开始用肺呼吸。

在十六周大的时候，尾巴会萎缩，变成小青蛙。

约两周后，变成了蝌蚪。

蝌蚪先长出后腿，再长出前腿。

爬行动物

爬行动物由古代两栖动物演化而来，是真正适应陆地生活的脊椎动物。它们大多和两栖动物一样，没有完善的保温机制和体温调节功能，喜欢温暖的气候，属于变温动物。中生代时期，爬行动物（如恐龙）在地球上占绝对的统治地位，所以，中生代也被称为"恐龙时代"。

恐龙：生活在中生代，于6500万年前灭绝。恐龙普遍有着长长的尾巴、矫健的肢体和庞大的身躯。

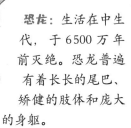

蜥蜴：行动敏捷的短跑健将，主要生活在陆地上，大多以昆虫为食。

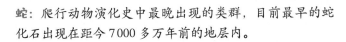

蛇：爬行动物演化史中最晚出现的类群，目前最早的蛇化石出现在距今7000多年前的地层内。

哺乳动物

最早的哺乳动物由爬行动物中的兽孔目动物演化而来，它们出现在2亿多年前的中生代三叠纪末期。6500万年前，地球进入新生代后，哺乳动物占据生态优势，逐渐演化出今天多样化的类群。

哺乳动物的特征

❶ 体表有毛发，躯体分为头、颈、躯干、四肢和尾五部分。

❷ 有着高度发达的神经系统和感觉器官，能协调复杂的技能活动，适应多变的环境条件，在智力和对环境的反应上远远超过其他类群。

❸ 有高而恒定的体温（25～37℃）。

❹ 以胎生方式进行繁殖，通过乳腺分泌乳汁给幼体哺乳。

最古老的哺乳动物化石

吴氏巨颅（lú）兽生活在2亿年前的侏罗纪。

它只有2克重、12毫米长，有点像长口鼻的小老鼠。巨颅兽身上有大头颅、中耳比较发达、耳骨和下颚分离明显等现代哺乳动物的特征，因此，科学家认为它是侏罗纪早期的哺乳动物。

鸟类

多数科学家认为鸟类的直接祖先是一种小型恐龙，由恐龙中的虚骨龙类演化为始祖鸟，进而演化为新鸟类。

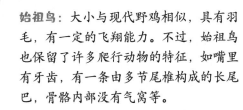

始祖鸟：大小与现代野鸡相似，具有羽毛，有一定的飞翔能力。不过，始祖鸟也保留了许多爬行动物的特征，如嘴里有牙齿，有一条由多节尾椎构成的长尾巴，骨骼内部没有气窝等。

人们打猎时发现了一只**野猪**幼崽，兴高采烈地抱回去养。

藏匿在草丛中，准备捉不远处的几只**野鸡**。

被驯化的动物

你养过宠物吗？你了解它们的性格吗？在布封的笔下，狗是人类最忠诚的朋友，马是勇敢无畏的骑士，驴是任劳任怨的苦力，牛是农民伯伯得力的助手……

嘿！可真有趣，原来每种动物都有自己的性格特点呀！不过，它们是从什么时候开始待在人类身边的呢？性格是不是如布封形容的这样呢？小朋友们，想知道的话就继续看下去吧！

用肉骨头驯化**野狗**幼崽。

拉**野牛**进棚子。

20

人们用套绳和缰绳驯化野马。

羊是性格温驯的动物，且肉质鲜美，适合饲养。

被驯化的**猎狗**是人类的好帮手，嗅觉灵敏，擅长帮助人类追踪猎物。

人们发现**牛**奶可以喝。

整理草料喂**驴**。

家畜、家禽被驯化的时间和它们的性格画像

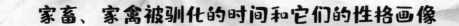

狗
公元前 1.5 万年
忠实勇敢

山羊
公元前 1 万年
活泼可爱

牛
公元前 8000 年
温和能干

鸡
公元前 6000 年
博爱无私

驴
公元前 5000 年
任劳任怨

绵羊
公元前 1.1 万年
软弱无能

猪
公元前 9000 年
憨厚贪吃

驯化动物使得人类能够通过自己的劳动实现食物的稳定产出，生活有了保障，人口不断增长，生活逐渐安定。

马
公元前 4000 年
勇敢无畏

安娜·卡列尼娜原则

事实上，并不是所有的野生动物都能被人类成功驯化。美国生物地理学家贾雷德·戴蒙德曾提出动物驯化的"安娜·卡列尼娜原则"，即"可驯化的动物都是可以驯化的，不可驯化的动物各有各的不可驯化之处"，能被驯化的目标动物需要满足 6 个条件：

1 能为人类提供价值。
2 生长速度快。
3 繁殖周期短。
4 性情温驯。
5 不易受惊。
6 能在驯养条件下交配繁殖。

受精的鸡蛋可以孵化出小鸡，这样人们就不用在野外捕捉也可以有大量的家鸡饲养了。

母鸡带着一群小鸡到处找食物。

22

经过人类长期驯化后，动物们与人类互相适应，关系更加密切；人类也通过饲养家禽、家畜获得基本的食物和其他生活物资。

马可以带人们去更远的地方。

牧羊犬在一旁看管羊群。

农民在牛的帮助下耕种田地。

母猪产下的小猪崽。

一只母鸡正在孵蛋。

小男孩正在和狗玩耍，它是他的好朋友，对他非常亲昵。

来自野外的狐狸是家禽最大的威胁。

公鸡有点像鸡群的保护者。

狗

大多数人第一个想到的动物朋友会是谁呢？当然是狗啦！它们性格平和且温驯，感情热烈而充沛，对主人既忠诚又坚定，是人类最好的朋友呢！

狗的本领非常多。它们嗅觉敏锐，懂得察言观色，能够顺从人的意愿，听懂和执行各种各样的命令，甚至还能帮我们干活儿！比如，看家护院，防止坏人入侵；看管牛群或羊群；协助追捕猎物，用不同的声调向主人表明猎物的距离；等等。

可以说，假如没有狗的帮助，人类当初就不可能成功驯化其他野生动物。

绵羊

嘭！一声巨响，吓坏了绵羊们，它们紧紧地聚在一起，瑟瑟发抖。事实上，绵羊能够存活到现在，和人类的照料与帮助有很大关系。因为它们本身的生存能力很差，尤其是母绵羊，连自我保护都做不到；公绵羊的情况好一些，但也仅仅有一点自我保护能力而已。绵羊胆小而怯懦，总是聚集在一起以消除心中的恐惧。所以，我们见了绵羊，可得放轻动作，别吓着它们。

山羊

山羊则与绵羊相反，它们性格活泼，动作敏捷，喜欢在悬崖峭壁上生活。即使和绵羊一起生活，也总是在绵羊群的最前面吃草。不过，山羊与绵羊的外表非常相似，身体构造也几乎一模一样，就连饲养、交配、繁殖等方面都相似，甚至会得相似的病。

猪

在所有的四足兽中，猪看起来是最粗鲁、最野蛮的，它们外表丑陋、姿态笨拙，贪婪好吃。其实呀，人们都被它的外表欺骗了。除了迟钝的触觉和味觉，猪的其他感觉可是非常敏锐的。它们凭借出色的视觉、听觉和嗅觉能感知很远的物体。

猪的分布十分广泛，随处可以见到它们的身影。中国的猪与欧洲的猪有一些不同之处，体型更小，腿的长度更短，肉的颜色偏白，肉质更为细腻。

神奇的猪

在人类已驯化的家畜中，猪的生理结构最为特殊。它的蹄看起来只有两只脚趾，但实际上还隐藏着两只脚趾。猪的走路方式也和那些脚趾分开的动物不一样，它们走路时只有两只脚趾着地，另外两只脚趾对行走没有任何帮助。

在自然界中，一般动物的体型越大，产下幼崽的数量就越少。虽然猪的体型远远超过了中等标准，但它们产下的幼崽比任何一种四足兽都多，一次性产崽能达到 10 ~ 20 头。能产下如此多幼崽的母猪，身上却不一定有这么多乳头。

牛

嘿咻！嘿咻！牛喘着粗气在耕地。它们脖颈粗壮，肩膀宽阔，耐性绝佳，脾气温和，非常适合牵拉犁耙。耕牛们可是为农民伯伯省了好大的力气呢！

为了训练出合格的耕牛，人们会尽早给牛套上牛轭（è），让它熟悉牛轭的束缚和牵制。小牛两三岁的时候，人们就开始用耐心、宽容与关爱训练牛的服从能力。因为若一味地使用暴力手段训练牛，只会使它厌恶和害怕人。

鸡

喔喔喔！公鸡又在召唤母鸡啦！公鸡的责任心很强，它始终在保护鸡群，会将远处的母鸡唤回自己的身边。

母鸡同样无私，在孵小鸡时甚至可以不吃不喝。当小鸡孵化之后，母鸡的爱心会更强，它们时时刻刻都在为小鸡操心，为小鸡寻找食物。如果遇到险情，母鸡会将小鸡唤回自己身边，然后保护在自己的翅膀之下，以便躲避危险。

马

脸很长，尾巴飘，会拉车，善奔跑，四个蹄子嗒嗒响。这是什么动物呢？是勇敢的骑士，马呀！它们从不害怕奔腾的河流和宽阔的沟渠，总是勇猛无畏地向前冲去，配合人们完成运输的任务。马还非常聪明，能够根据主人的示意和动作来决定是奔跑，还是缓行，抑或是止步。除此之外，它们天性豪放，合群温和，体态优美，一直为人们所喜爱。

驴

驴和马的身体结构高度相似，甚至连大脑、心肺等许多内脏器官的构造都十分相像。驴不像马那样受到人们的喜爱和关注。它的性格更为温和，虽能咽下最硬、最难吃的草，但耐力不太好，不适合长途运输。因为驴的任劳任怨，人们总是对它呼来喝去，还让它驮载大量的货物，驴经常超负荷工作直到精疲力竭。

野外的四足兽

野外还有许多未被驯化的动物，它们有的善于奔跑，有的团结友爱，有的懒得出奇，还有的无比狡诈……

野外的世界既充满了蓬勃的生机，又遍布着令人心惊的危险。小朋友，请屏住呼吸，仔细瞧瞧野外四足兽的生活吧。

虎是凶猛的丛林之王。

鹿子是鹿的近亲，比鹿的个头要小一些，雄性鹿子头顶有漂亮的角。

身躯庞大、四肢粗壮有力的熊。

水鼬 (yòu)

喜欢群居的狼。

善于攀爬的猴子。

26

麋用它的长鼻子卷水里的水草，植物的嫩枝是它的最爱。

鲂的个头比狼要小一些，却可以猎杀野牛，这是因为它常以围攻的方式集体猎食。

雄狮有威风凛凛的鬃毛，雌狮则没有。

鹿喜欢生活在森林里，吃树上的嫩叶。

河狸是大自然最杰出的建筑师，快来参观它们建筑的提坝，这是它们的家。

狐狸

妈妈，我困了。

等那只獾挖好洞穴，我们就可以住进去了！

狐狸

狐狸狡猾而慎重，具有极高的智慧，它喜欢住在森林边上，离村庄不远的地方。这样，当它缺乏食物时，可以去人类的村庄带走家禽，甚至巧妙地抓住时机，从人们捕捉鸟雀的圈套中获得食物。但是，狐狸不太擅长挖洞。它们常常会"捡漏"或侵占其他动物的洞穴，有时也会和其他动物合住。

王者之战！

狮与虎

糟糕，老虎来了，快逃！它的利爪和牙齿可不是闹着玩的。老虎捕猎时异常凶猛，迅速果决，总以消耗最小的能量来获取尽可能大的收获，是当今亚洲现存的处于食物链顶端的王者之一。

而狮子也不弱，它们是唯一雌雄两态的猫科动物，雄狮长大后会长出威风凛凛的鬃毛，雌狮则没有。它们举止豪迈、目光坚毅、吼声震天，是结合了力量和速度的草原王者。

走，捕猎去！

狼

听，狼王又在呼唤它的同伴了。它们常常几只或十几只组群捕猎，饿极了还会冒险攻击家畜，是个有组织、有纪律的作战团伙。

狼的狡诈、敏捷和力量是其他动物所不能比拟的，野蛮、疯狂是狼的天性，就算小时候生活在人类社会，受到很长时间的驯养，长大后也不会依恋人类。

貘

一只貘正守在河流边从水里捞出嫩枝。貘无角无尾，四肢短，和猪一样有着弧形的身体，却有类似犀牛的长鼻子，这让它可以在水里轻易伸出鼻子换气。

树懒

树懒不太爱走动，每天只喜欢待在树上睡觉。树懒的牙齿很不发达，不能吃肉，只能以树叶、野果为生。它们行动缓慢，平均每天睡十七八个小时，醒来也很少活动，是动物王国的"睡觉冠军"。

吃饭……哪有……睡觉……重要……

河狸

不远处的河边，河狸们正在进行大型聚会，它们从四面八方赶来，准备筑堤啦！此时，它们居住地的水面下降了，必须要筑起围堤，截流河水，创造一片平稳的池塘或水域。河狸们挑好能倒向河里的树，一起上阵，啃倒树干之后再啃断树杈。一部分河狸插木桩时，另一部分河狸则去做"水泥"，填塞缝隙。就这样，一个连接两岸的堤坝就建好了。小河狸们也有了安全、坚固的家和一片宁静的"库区"作为活动的场所。

29

种类繁多的飞禽

红喉雀歪着脑袋站在树上，它在看什么呢？

终于到了飞禽出场的时候了。相比四足兽，鸟类就可爱、精巧多了。它们以植物种子、昆虫、田鼠或蛇等为食。有以速度著称的鹰、精灵似的红喉雀、美丽的翠鸟、擅长捕鱼的鹈鹕……哎呀，眼花缭乱啦！

白鹭张开翅膀，像在跳舞一样。

翠鸟在湖面上飞行、捕鱼。

雄鹰是翱翔天空的猛禽。

一群**大雁**飞往温暖的地方过冬。

夜莺和嘲鸫（dōng）
是天生的歌唱家。

鹈鹕（tí hú）"大口袋"似
的喉囊就像一张渔网，可以伸进
水里捕鱼。

蜂鸟是世界上最小的鸟，
大小和蜜蜂差不多。

雄**孔**雀向雌**孔**雀展开它那
五彩缤纷、色泽艳丽的尾屏。

关于鸟类的几个问题

1. 为什么鸟类可以飞翔?

❶ 独特的骨骼结构——中空的骨头,能够减轻鸟类自身的重量,有助于空中飞行。

❷ 流线型的翅膀。鸟翅的上端能够弯曲成弧形,底端散开,让空气可以更快地流经鸟翅上端,从而产生上升的力量。

❸ 独特的呼吸系统。鸟类的肺是实心的且呈海绵状,连有9个薄壁的气囊帮助它吸入更多的空气,进而飘浮在空中。

❹ 羽毛也能够帮助鸟类飞翔,减小空中的阻力,控制方向。

❺ 鸟类与飞翔有关的胸肌特别发达,能够发出强大的动力扇动翅膀,有助于飞翔。

❻ 鸟类的消化、排泄等器官的构造,都趋向减轻体重、增强飞翔能力。

2. 所有的鸟类都能飞吗?

并不是所有的鸟都能够飞起来。例如,鸵鸟的双翅退化,胸骨小而扁平,失去了飞翔的能力;企鹅的双翅变成鳍状,同样不能飞翔。

3. 地球上有多少种鸟类?

全世界已知的鸟类有9 000多种,我国有1 400多种,占世界鸟类种类总数的13%,是世界上鸟类种类最多的国家之一。

处于食物链顶层的猛禽

猛禽是鸟类中的"战斗机"，它们处于食物链的顶层，是掠食性鸟类。全世界猛禽有430多种，包括鹰、雕、鹫（jiù）、隼（sǔn）、鸮（xiāo）等。

百禽之首——鹰

鹰有着王者般的力量和风度，被誉为百禽之首。它有着炯炯有神的眼睛、洪亮的声音、弯钩形的爪子和锐利的喙，可以轻松地带走鹅或鹤等大型飞禽，甚至野兔和小山羊。

猛禽有哪些特征？

1 鸟喙呈钩状，边缘锐利，多数有齿突。

2 宽大的羽翼，发达的飞行系统。

3 强健的足，锋利的爪，可以有效地抓捕猎物。

4 良好的视力，能够在很高或很远的地方发现地面上或水中的猎物。

诗人眼中的"天后"

猫头鹰是诗人眼中的"天后"。它们的腿部、身子和尾巴都比鹰短小，头部却大得多，外形非常像猫，因此人们称它们为"猫头鹰"。猫头鹰喜欢晚上捕猎，白天休息，以鼠类为食，是农林业的好帮手。

迁徙这件事儿

大多数水鸟都有迁徙的行为，它们春季在北方繁殖、产卵，秋季便飞到温暖的南方过冬，第二年春季再飞回北方。并且，各种鸟类迁徙的时间是很少变动的，飞行的路线也是常年固定不变的。

为什么鸟类在迁徙的过程中不会迷路呢？

科学家通过环志、雷达、飞行跟踪和遥感技术等方法观测到，鸟类在飞行时主要依靠视觉来确定方向。最近的研究还表明，鸟喙的皮层上有能够辨别磁场的神经细胞，这也是鸟类不会迷路的原因之一。

大自然的精美杰作

鸟类绚丽多彩的羽毛一直受到人们的关注。在大自然中，有许多因美丽的羽色而闻名天下的鸟类，如翠鸟、蜂鸟、孔雀等。

绒羽

密生在正羽下方，呈细长丝绒状的羽毛。部分鸟类还会长出**粉绒羽**，这是一种特殊的绒羽，终生生长而不脱换。

正羽

包括覆在体表的大型羽片（廓羽）、翅膀处的飞羽、尾部的尾羽。

半绒羽

介于绒羽与正羽之间的一种羽毛，一般分布在正羽之下。

纤羽

散布在正羽和绒羽之间，基本功能是触觉。

鸟中皇后——孔雀

孔雀体格高大、外形端庄，拥有各种色彩的羽毛。雄孔雀的羽色尤其华丽，羽尖具有虹彩光泽的眼圈，有极高的观赏价值，雌孔雀的外貌则比较朴素。

世界上最小的鸟

蜂鸟是世界上最小的鸟，只相当于二十几粒米重，有着优美的体态、色彩绚丽的羽毛，汇集了大自然赋予其他鸟类的所有天资：轻盈、迅疾、敏捷、优雅，以及华丽的羽毛。

最美丽的鸟

翠鸟是最美丽的鸟之一。翠鸟的颜色丰富、鲜艳，羽毛像丝绸一般有鲜亮的光泽。除美丽的外表外，翠鸟还有着高超的捕鱼技术。它们通常沿着湖面飞行，只要看见水中的鱼，就立刻钻入水中，扑向猎物，几秒后便带着自己的"战利品"回到岸上享用。

大小和蜜蜂差不多的蜂鸟

出色的歌手

在所有鸟类中，有这样一个庞大的类群：它们善于鸣叫，体态轻盈，活动灵巧，拥有发达而复杂的鸣管，鸣声婉转动听，令人陶醉。

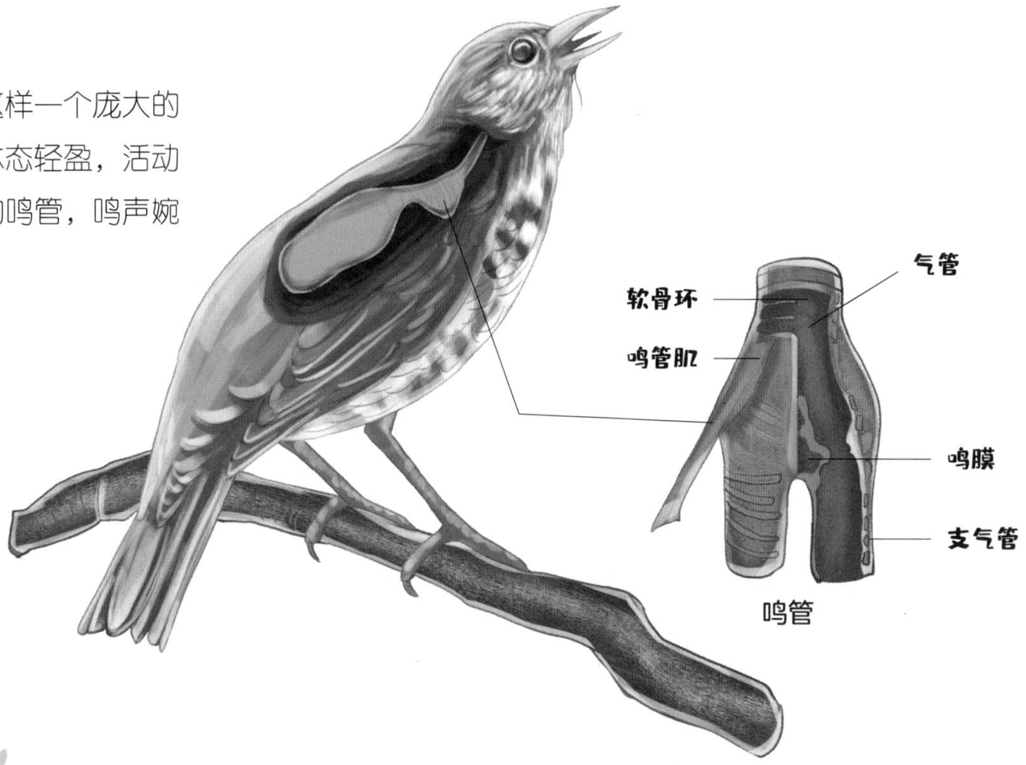

软骨环
鸣管肌

气管

鸣膜

支气管

鸣管

鸟类是如何鸣叫的？

鸟类的发音器官称为鸣管，位于气管与支气管交界处，由若干个扩大的软骨环以及薄膜（鸣膜）组成。当气管内冲出空气时，鸣膜便振动发出声音。

夜莺

夜莺的"歌唱"从不重复，以它柔和、曼妙的歌声令其他鸟类相形见绌。它有着极为宽广的音域，有时甚至可以持续 20 秒不间断地鸣唱。

嘲鸫

嘲鸫也是出色的歌手，它像夜莺一样拥有动听的歌喉，还能模仿其他鸟类的叫声。

实验室里，小女孩在
观察植物的结构。

这是学校实验课上种植的
小苗圃，各种蔬菜、果树和花
卉都长得很好。

桃树

茄子

风信子

卷心菜

36

认识植物

植物的发展历程比动物要悠久得多，在距今 30 多亿年前的元古代，植物就已经出现在地球上。作为地球上的初代居民，植物似乎微不足道，却是一切生命的基础，地球上的所有生命都直接或间接地依赖它们而生存。

小朋友，在阅读本部分之前，请你思考一个问题：植物和动物一样，也是生命吗？你认为它是或不是的理由是什么呢？

郁郁葱葱的山上有爬山道，一些老人喜欢沿着山道锻炼。

同学们齐心协力种下小树。

植物让环境变得美好，一家三口去山脚踏青。

桃树开花了，离吃桃子还会远吗？

小男孩在栽种花草。

老师在采摘实验课上种植的蘑菇。

动物与植物

在人们以往的认知里，总是将地球上的生物分为两大类：动物和植物。动物就是能够运动的生物；植物则是在原地生长，非四处运动的生物。但它们之间的区别真的仅仅只有这些吗？

植物的细胞和动物一样吗？

现在，拿起显微镜仔细对比，瞧一瞧吧。我们可以清楚地看到，植物的细胞有细胞壁、细胞膜、叶绿体、细胞核、液泡和细胞质。动物细胞呢？它们和植物细胞一样，有着细胞膜、细胞质和细胞核，却没有细胞壁、叶绿体和液泡。

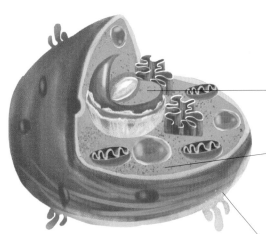

植物细胞

细胞核是细胞内最大、最重要的细胞器，是细胞里的"生命中枢"。

细胞核

细胞质

细胞质是细胞膜包围的，除核区外的一切半透明、胶状颗粒物，含水量约为80%。

细胞膜

细胞膜是细胞表面的一层薄膜，可以吸收细胞所需的养分，排出代谢物。

动物细胞

叶绿体是植物中最显著的细胞器之一，是绿色植物进行光合作用的重要场所。

叶绿体 **液泡** **细胞壁**

液泡是植物特有的结构，是成熟的植物细胞的显著特征。

细胞壁是细胞外围的一层厚壁。

植物的组织与器官

高等植物是由多细胞组成的，为了适应环境，这些多细胞植物体内会不断分化出形态、结构和功能不同的细胞，形成各种组织和器官。植物的组织包括保护组织、输导组织、营养组织、机械组织和分生组织。

组织按一定的次序结合起来就形成具有一定功能的器官。植物的器官相比动物要简单得多，包括根、茎、叶、花、果实、种子。而且，并非所有植物都拥有这六大器官，如蕨类只有根、茎、叶，大部分藻类则根本没有器官的分化等。

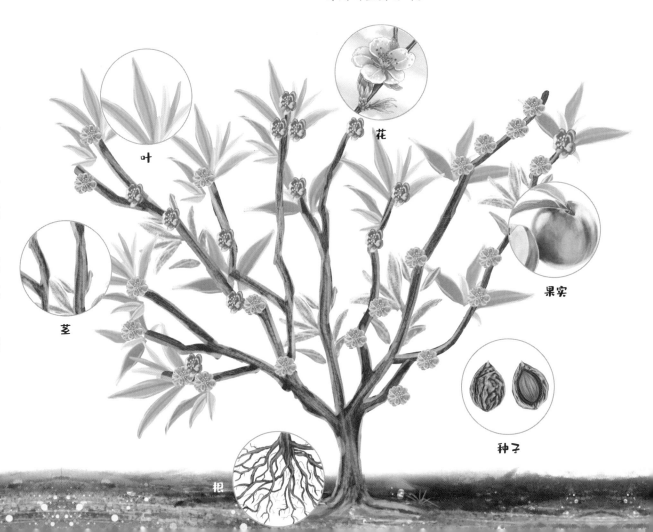

叶

花

茎

果实

种子

根

植物的繁殖方式有哪些？

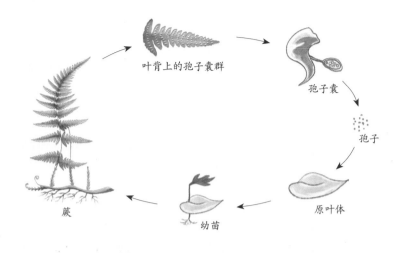

营养繁殖：利用植物营养器官的再生能力繁殖新的个体，如折下柳树的枝条插在土里，不久后，这根枝条就会长成新的柳树。

种子繁殖：利用雌雄授粉相交，结成种子来繁殖后代。

孢子繁殖：很多孢子植物利用它们的孢子直接发育成新的个体。如蕨类通过叶子背面的孢子繁殖下一代。

植物也有感觉吗？

　　科学家可以把植物对外界的感应用微电波引导出来，再把微电波演绎成声音，这时他们发现，茄子缺水会呻吟，向日葵得到日照时会发出愉快的声音。

会"求救"的卷心菜

　　当卷心菜感到有菜青虫啃食叶片时，它就会发出一系列的化学呼救信号。这些信号会吆喝来两种寄生蜂：甘蓝夜蛾赤眼蜂和粉蝶盘绒茧蜂。应邀而来的寄生蜂会一起对付卷心菜上的菜青虫。卷心菜支付的报酬则是那些已经孵化出来的菜青虫后代。

植物与动物的协同演化

　　植物和动物也会互相"帮忙"，以相互适应、共同演化。昆虫授粉就是常见的协同演化现象。蜜蜂在采蜜时身上很容易沾上花粉，当它拜访其他花朵时，身上的花粉便有可能撒落到柱头上，帮助植物完成授粉。植物们为了方便昆虫或蜂鸟完成授粉，还会为该类动物进行"私人定制"。例如，某些植物会根据蜂鸟鸟喙的形状，让自己的花筒形状长得刚好能容纳蜂鸟细长的喙。

独特的光合作用

　　植物与动物不同，它们没有消化系统，必须依靠其他方式来获取营养。因此，绿色植物会在阳光充足的白天，通过叶绿体利用光能，把经由气孔进入叶子内部的二氧化碳和由根部吸收的水合成为葡萄糖，并释放氧气。

光合作用的重大意义

① 制造大量有机物，为地球上的其他生物提供营养。

② 转化并储存太阳能，为地球上的生物提供能量。

③ 使大气中的氧和二氧化碳的含量相对稳定，为生物提供适量的氧气。

④ 对生物的演化有重要作用。绿色植物在地球上出现并逐渐占有优势后，地球的大气中才逐渐含有氧气，那些必须通过有氧呼吸生存的生物才得以发展。

科学家是怎么发现光合作用的呢？

　　1773 年，英国科学家普利斯特利做了一个实验：首先，将一只小老鼠和一支点燃的蜡烛分别放到密闭的玻璃罩里，很快小老鼠就死了，蜡烛也熄灭了；然后，他又将一盆植物和一支点燃的蜡烛放到密闭的玻璃罩里，再将一盆植物和一只小老鼠放到另一个密闭的玻璃罩里，这次，植物长时间地活着，小老鼠安然无恙，蜡烛也没有熄灭。于是，他指出，植物能够更新因蜡烛燃烧或动物呼吸而变得污浊的空气。

植物的蒸腾作用

　　蒸腾作用指水分从活的植物表面散失的现象。叶片是植物进行蒸腾作用的主要部分，植物的蒸腾作用有两种方式：一是通过叶片表面的角质层，二是通过叶片内的气孔。

　　蒸腾作用是植物吸收和运输水分的主要动力，它可以促进水分从根部向上运输，增加叶片周围小环境的湿度，降低植物体和叶面的温度，有效防止强光灼伤叶片。

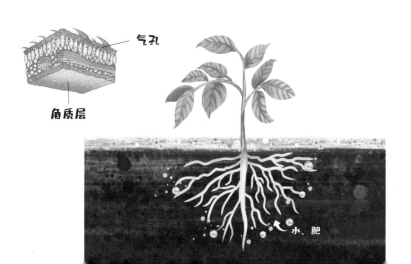

神奇的树

杏仁桉最高可达156米，相当于50层楼那样高，鸟在树上唱歌，在树下听起来就像蚊子的嗡嗡声一样。

在意大利西西里岛，曾经有一棵叫"百马树"的**大栗树**，树干周长为55米，需要30多人手拉手才能围住它。

铁桦树的材质比钢铁还硬，一放到水里就往下沉，甚至连子弹都不能打穿它。

榕树的树冠很大，孟加拉榕树的树冠可以覆盖15亩的土地，有一个半足球场那么大。

银杏生长较慢，寿命极长。世界上最长寿的树是浙江省天目山上的一棵银杏树，约12 000岁，是中生代时期的野生银杏，经过一代又一代的繁殖与生长，现在这棵银杏树已经衍生出了20多代子孙。

植物和动物的区别

现在，你发现植物和动物的区别了吗？一起来梳理下吧。

植物和动物的区别	
动物	**植物**
细胞、组织、器官、系统和动物体五个层次	细胞、组织、器官、植物体四个层次
分裂生殖、卵生、胎生等	营养繁殖、孢子繁殖、种子繁殖
没有细胞壁，大多没有液泡，没有叶绿体	有细胞壁，有液泡，有叶绿体
异养型，只能从外界摄取营养物质	自养型，可以利用外界环境中的水、光等产生自己所需的营养物质
吸入氧气，呼出二氧化碳	吸入二氧化碳，呼出氧气
通过多种方式排出体内废物，如出汗、呼出气体、排尿等	枯枝和落叶能带走体内的一部分废物
对外界刺激反应灵敏	对外界刺激反应迟缓

松果

植物成长记

随着时间的流逝，植物不断发展，藻类、苔藓、蕨类、裸子植物、被子植物在地球上先后出现，形成了丰富的植物世界。

小朋友，我们即将进入植物的世界，请你带上放大镜，一起来看看植物的秘密吧！

森林潮湿的地面和石头缝里是苔藓最喜欢的地方。

蕨类是比较原始的高等植物，出现在古生代，具有根、茎、叶等营养器官。

掉落在林间像宝塔一样的东西就是松果，松果的成熟后鳞片张开，松子就脱落下来了。

裸子植物的种子是裸露在外面的。银杏是最古老的裸子植物，被称为自然界的"活化石"。

银杏

自然界有一半以上的植物都是被子植物，它们拥有最完善的器官。

桂花

低矮的灌木

藻类多数生长在水中，绿藻喜欢淡水环境，红藻和蓝藻更喜欢生活在海洋里。

藻类

藻类主要是水生的，属于最低等的植物之一，是单细胞植物，即一个细胞进行所有工作。藻类的种类繁多，目前已知约有3万种，是一个非常庞大的类群。本书只列举其中几大类：蓝藻、红藻和绿藻。

葫芦藓

蓝藻

大约38亿年前，地球还是一片汪洋的时候，蓝藻就已经出现了。它是地球上最早的原核生物，靠分裂繁殖。

14亿到13亿年前，红藻出现了！它们一般呈紫红色，也有褐色、粉红等颜色的，被称为"藻类价值之王"。地球上现存红藻种类有3 000多种，其中约有200种生长于淡水中。

绿藻的外表通常呈草绿色，它的叶绿体中含有与高等植物相同的叶绿素，但其光合作用的产物是淀粉，主要储存于蛋白核的周围。由于这些特征与高等植物一致，因此一些植物学家认为绿藻类植物就是高等植物的先祖。

紫菜

发菜

石莼

地钱

苔藓植物

　　苔藓植物是植物从水生过渡到陆生的代表，大多生长在裸露的石壁上或潮湿的森林和沼泽地中。苔藓植物起源于绿藻，是一类小型多细胞的绿色植物，有的为叶状体，有的有假根和类似茎、叶的分化。

苔藓植物有什么作用？

1. 有效防止水土流失。
2. 充当空气污染的指示物。
3. 充当肥料。
4. 有助于形成土壤。
5. 释放氧气，净化空气。

苔藓植物的代表有哪些？

　　葫芦藓 是比较矮小的藓类植物，有茎、叶，无根，依靠短而小的假根固定植物体，每株高2~3厘米。庭院、田园、路灯下潮湿的土壤都适宜它们生长。

　　地钱 属于苔类植物，一般呈淡绿色或深绿色，生长在阴湿的土坡、草丛下或溪边的碎石上。地钱能够清热解毒，可用于治疗黄疸型肝炎。

真菌

真菌是一种陆生真核生物，通常是多细胞生物，有细微的菌丝，用来吸取其他生物制造出的化合物。大多数真菌能分解动植物的残骸，使其进入再循环。布封将真菌分为三类：酵母菌、霉菌和大型真菌。常见的香菇、金针菇、木耳等均为大型真菌。

真菌在地球上存在了多长时间呢？

迄今为止，真菌在地球上存在了多长时间还不清楚，科学家对真菌的起源也没有确切的结论。有的认为真菌来源于藻类，因为真菌的性器官的形态与繁殖方式和藻类相似；有的则认为绝大多数真菌和藻类起源于鞭毛生物。

真菌是植物吗？

真菌既不是动物，也不是植物，而是一个独立的生物类群。不同于布封的分类，现代生物分类学将真菌单独成界，即真菌界。

真菌与植物的区别		
	真菌	**植物**
细胞壁成分	细胞壁以甲壳素为主要成分	细胞壁以纤维素为主要成分
生存方式	细胞不含叶绿体，靠寄生或腐生存活，是异养生物	细胞有叶绿体，能进行光合作用，是自养生物
归　属	单鞭毛生物	双鞭毛生物

蕨类

蕨类是高等植物中比较原始的一大类群。与藻类相比，蕨类是相对高一级的植物，具有根、茎、叶等营养器官，用孢子进行繁殖，体内进化出维管组织以输导水分和营养物质。这些器官的出现在植物的演化史中具有重要意义。

中生代植物界霸主

如果说恐龙是中生代的动物霸主，那么树蕨毫无疑问就是植物霸主。树蕨是蕨类的一种，长得像树一样高大，在中生代遍布地球，随处可见。现存的树蕨种类稀少，其中最珍贵的就是**桫椤**（suō luó）了。桫椤高 1~6 米，主要靠藏在叶片背面的孢子来繁衍后代。

桫椤是如何长成的？

❶ 孢子落入土壤，萌发成一个原叶体。

❷ 原叶体通过光合作用在腹面生成假根。

❸ 原叶体腹面明端长出颈卵器，在它的后斗部有精子器，称为配子体。

❹ 精子成熟后，借助鞭毛游动到颈卵器里和卵细胞结合，形成合子。

❺ 合子吸收原叶体上的养料，逐步发育成胚胎，然后形成一棵新的桫椤。

由于地质变迁和气候变化，桫椤自然繁殖非常困难，现存数量十分稀少，已处于濒危状态。

裸子植物

裸子植物是最原始的种子植物，最早出现在古生代，在中生代至新生代时期成为遍布各大陆的主要植物。后来，地球环境大变迁，大批裸子植物先后灭绝，现在幸存下来的裸子植物只有800多种。

裸子植物的出现表明植物的演化又迈进了一大步，具体表现为：出现新的繁殖器官——种子，出现了花粉管，具有次生生长特性。

为什么叫裸子植物呢？

裸子植物的种子由胚珠发育而成，胚珠外面没有子房壁包被，不会形成果皮，种子是裸露在外的，因此被称为裸子植物。

自然界中的"活化石"

银杏是第四纪冰川运动后遗留下来的最古老的裸子植物，是古代银杏类植物在地球上存活的唯一品种，因此被称为"活化石"。银杏树躯干挺直，树形优美，叶片玲珑，抗病害能力强，存活时间非常长，有的银杏树寿命甚至可达上万年。

被子植物

距今1.35亿~1.3亿年前，也就是中生代白垩纪时期，被子植物出现了。它们是植物演化的最高阶段，拥有最完善的器官，是当今世界植物中种类最多、分布最广、适应性最强的类群，在地球上占有绝对优势。目前人类已知的被子植物有20多万种，占植物界种类总数的一半。

植物体的运输线——茎

茎是植物最显著的部分，它如同人的脊椎一样将植物的根、芽、叶、花串联成一个整体。同时，它还担任着输送来自根部的水分、养料的职责。

牵牛花
必须缠绕在支持物上生长的缠绕茎。

黄瓜
以自身特有结构攀缘在支持物上生长的攀缘茎。

玫瑰花
向上生长的直立茎。

西瓜
蔓延生长在地面上的匍匐茎。

默默无闻的工作者——根

植物的根长在地下，似乎总是无声无息地工作着，担负着固定植物、吸收土壤里水分和养料的重任，全心全意地为植物的抽枝长叶、开花结果服务，还能有效地改善土壤结构，为植物的生长创造最适宜的环境。

菟（tù）丝子
吸收营养的寄生根

玉米
加强支撑的根

土豆
储存营养的根

榕树
用来呼吸的根

48

光合作用的场所——叶子

叶子是植物进行光合作用的场所，是孕育植物生命最基础、最重要的部分。虽然自然界中植物叶子的形态多样，但其结构大都相同，由叶片、叶柄和托叶构成。

各种形状的叶子

重要的繁殖器官——花

花是被子植物的繁殖器官，尽管花的大小、颜色不尽相同，但都由花梗、花托、花萼、花冠、雄蕊、雌蕊等部分组成。

不完全具备花萼、花冠、雄蕊和雌蕊这四部分的花叫不完全花。如百合的花没有雌蕊；桑树、荞麦的花，只有花萼而没有花冠；杨柳、胡桃的花，既没有花萼，又没有花冠。

百合花

柱头
雄蕊
花冠
花丝
花柱
花托
花梗

特殊的器官——果实

果实是植物界演化到一定阶段才出现的，是被子植物独有的特征，也就是说，能孕育果实的植物都是被子植物。果实通常由果皮和种子构成，主要起传播和繁衍的作用。果皮能够包裹种子，让种子度过不良环境时期，使种族得以繁衍。

果实与人类的生活关系极为密切，在人类的食物中，绝大部分粮食是谷类的果实，如小麦、水稻等。人们常吃的水果，如苹果、桃子、葡萄等，也都是被子植物的果实。

苹果由子房和花萼或花托一起形成，属于假果。

草莓的花具有许多离生雌蕊，它们共同聚生在花托上，每个雌蕊形成一个小果，是聚合果。

西瓜是常见的单果，它由单独的雌蕊发育而来。

延续生命的器官——种子

种子是裸子植物和被子植物特有的繁殖器官，它由胚珠经过传粉受精形成。自然界中能产生种子的植物多达 20 万种。

种子成熟离开母体后依然是有生机的，但不同植物的种子休眠期也有差别。有的种子休眠期很短，如巴西橡胶的种子休眠期仅为一周左右；而莲的种子休眠期则可达数百年乃至上千年。

种子是如何长成幼苗的？

❷ 胚芽连同子叶一起伸出地面，形成茎和叶。

❸ 子叶展开后转为绿色，进行光合作用，形成幼苗。

❶ 胚根首先突破种皮，向下生长。

49

森林与经济作物

森林被称为"地球之肺"，是地球上最大的陆地生态系统，它是地球上的能源库，对维系整个地球的生态平衡起着至关重要的作用，是人类赖以生存和发展的重要资源。

村庄建造房子的木材和烧掉的木柴都是从森林里就地取材的，吃的猎物和蘑菇等食物很多也来自森林。

枯枝落叶覆盖在植物根系上方的地面上，可提高土壤的含水性。

50

在森林生物群落中，各个种群分别占据了不同的空间，使生物群落具有一定的结构。生物群落的结构包括垂直结构和水平结构等。在垂直方向上，生物群落具有明显的分层现象。

森林是天然的氧气制造工厂。树木可以吸收人类活动产生的二氧化碳，释放出氧气。

51

森林的类型

森林是一个有着高密度树木的区域，按照其在陆地上的分布可分为温带森林、亚热带森林和热带雨林；按森林外貌可分为针叶林、阔叶林和针阔混交林。21世纪初，世界森林面积为34.5亿公顷，约占地球陆地总面积的四分之一。

*冷杉*的树干端直，树冠呈尖塔形，枝叶茂密，四季常青，是园林常见树种。

*落叶松*喜光耐寒，多分布在高山地区，木材坚实耐用，是建筑常用木材，也是常见观赏树。

针叶林

针叶林以各种针叶树为主，多为云杉、冷杉、落叶松和针叶松等一些耐寒的树种。因此，即使在寒冷的冬天，针叶林仍然是一片翠绿。

*针叶松*的叶子呈针形，是耐干旱瘠薄的树种，对土壤的适应性较强。

为什么针叶树不怕冷？

针叶树拥有针形的叶子，叶面面积小，可以有效地阻止水分蒸发。同时，针叶表面有非常厚的蜡质层，可以御寒防冻，使得它们能够安全地度过寒冷的冬天。

*云杉*是一种常绿乔木，树高可以达到30米，材质优良，生长快，适应性强，适合作为造林树种。

阔叶林

阔叶林以阔叶树为主，阔叶树，顾名思义，就是叶子宽阔的树木，主要树种有栎（lì）树、山毛榉（jǔ）、槭（qì）树、梣（chén）树、椴（duàn）树、桦树等。阔叶林除生产木材外，还可以生产木本粮油、干鲜果品、药材等产品。

梣树的叶子对生，羽状带齿；花白色，花序如圆锥形，侧生或顶生在枝干上；木材坚韧，枝条可编筐，树皮可入药。

椴树的花芳香，有蜜腺，是优良的蜜源树种。枝皮纤维可制麻袋、绳索等。

桦树的树皮光滑，为白色，树形美观，是园林常见观赏植物。桦树的材质优良，是重要的工业用材树种。

栎树可以防虫防腐烂，是绝佳的建筑材料。树皮含有天然的单宁酸，常用于制革、酿酒。

槭树是夏绿乔木或灌木，其中一些种类俗称为"枫树"。槭树的叶子在秋季会逐渐变为红色或黄色，是著名的彩叶树种。

山毛榉是温带阔叶落叶林的主要构成树种之一，别名"矮果树"，果实是一些小型哺乳动物的食物。

稠密的热带雨林

热带雨林是动植物的王国，这里的物种极其丰富。在这里，植物争夺阳光和生存空间的竞争异常激烈，形成了乔木、灌木及草本、藤本、附生植物等多层次的郁闭丛林。

热带雨林的特点

❶ 环境温度高、湿度高。

❷ 土壤以砖红壤为主。

❸ 有多层次的丛林，一般为4~5层，多者可达11~12层。

❹ 动物种类繁多，且单物种个体数量较少。

热带雨林的土壤肥沃吗？

热带雨林虽然拥有最茂密的森林和数量繁多的动物种群，拥有厚厚的枯枝落叶，但土壤却是一种比较贫瘠的土壤——砖红壤。这是为什么呢？原来，热带雨林内的生物众多，存在许多利用枯枝落叶生存的生物，如真菌等，使大量枯枝落叶不能转化为有机质进入土壤；同时，降水量过大导致土壤中的大量养分随水流流失，只留下富含铁铝化合物的土壤。

露生层（31 米或以上）：这是热带雨林的顶层，只有最高的树木才能长到这里，享受最充足的阳光和雨露。

树冠层（21~30 米）：树冠横向生长，形成连续的一层，吸收了热带雨林中七八成的阳光和雨水。

幼树层（11~20 米）：年幼的小树在这层，依靠林中少量的阳光生长。

灌木层（6~10 米）：这里幽暗少光、水汽充足，放眼望去，除了大树的树干，还有一些藤蔓、蕨类和刚长成的小树。

地面层（0~5 米）：上方高大、茂盛的树冠阻挡了阳光，这里几乎一片黑暗，且非常潮湿，生长着许多苔藓、地衣等小型植物。

经济作物

药用植物

药用植物是指植物体全部或部分，或其分泌物可以入药的植物。药用植物是部分药物的主要原料，有的药用植物可以整株入药，有的必须提炼后才能入药。

功效多样的"神仙果"

罗汉果形似鸡蛋，含有丰富的维生素C及果糖、葡萄糖等多种营养物质，具有清热凉血、生津止渴、养颜嫩肤、润肺化痰等多种功效，因此也被称为"神仙果"。

百草之王——人参

人参是人们眼中的"神草"，它喜欢阴凉、湿润的地方。人参的根部粗大，经常有许多分叉，形状似人，所以被称为人参。人参可以安神益智、调养气血、滋补强身，被称为"百草之王"。

油料作物

油料作物是以榨取油脂为主要用途的一类植物。它们的种子中含有大量的蛋白质和脂肪，可以榨出香喷喷的油脂。油料作物中比较有代表性的有花生、芝麻、油菜和向日葵等。

花生

花生含有大量的蛋白质和脂肪，营养价值较高，可与鸡蛋、牛奶、肉类等一些动物性食品媲美。用花生榨出的油脂呈透明的淡黄色，香味宜人，是优质的食用油。

芝麻

芝麻种子的含油量很高，是炼油不可多得的原料。除种子外，芝麻的茎、叶、花都可以提取芳香油。

香料植物

香料植物是能分泌和积累具有芳香气味物质的植物。它们的根、茎、叶、花或果实中含有芬芳成分，经过提取加工后可以做成各种各样的香料、调味品等。

柠檬

柠檬的果实有着浓郁的香味，可以用来调制菜肴；鲜果表皮可以提炼柠檬香精油，是生产香水等化妆品的重要原料。

玫瑰

玫瑰花中含有优质的挥发油，是名贵的香料之一，人们多用它调香、熏茶、制酒和配制各种甜食。

糖料作物

糖是人体能量的重要来源，我们所吃的糖都是从糖料作物中提取的。制糖的原料主要有两种：一种是甘蔗，另一种是甜菜。

甘蔗

甘蔗是制糖的主要原料，占世界食糖总产量的 65% 以上。甘蔗的含糖量非常高，有"糖水仓库"的美称。

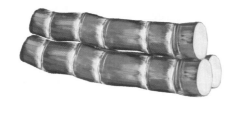

甜菜

甜菜也是重要的糖料作物，原产于欧洲西部和南部的沿海地区，是除甘蔗外的主要制糖原料。

粮食作物

粮食作物也称为禾谷类作物，是人类日常生活中的重要食物来源。粮食作物主要有谷类、豆类及薯类。谷类有水稻、小麦等，豆类有大豆、豌豆等，薯类有甘薯、马铃薯等。

小麦

小麦是另一种重要的粮食作物。在新石器时代就已经被人类栽种，栽培的历史超过1万年。

水稻

在距今 1.6 万～1.2 万年前，人类开始栽培水稻。目前，水稻是世界上最主要的粮食作物之一，大部分生长在热带、亚热带和温带地区。除作为主食外，稻米还可以用来酿酒，或作为制糖工业的原料，稻壳和稻秆则可以作为牲畜的饲料。

小麦可以做什么？

用小麦磨成面粉后，可以做面包、饼干、蛋糕、馒头、包子、月饼、三明治等。除此之外，小麦还可以用来发酵，制作啤酒、白酒和工业酒精等。

纤维作物

纤维作物是人类可以利用其纤维作为工业原料的植物。根据纤维所在的部位不同，可分为种子纤维植物、韧皮纤维植物和叶纤维植物。其中，种子纤维植物有棉花等，韧皮纤维植物有亚麻、苎麻等，叶纤维植物有剑麻、蕉麻等。

棉花

棉花最早出现在 5000 年前的印度河流域，后来棉纺织品的使用传到了地中海地区。常见的棉花高度为 1～2 米，花朵呈乳白色，开花后便转为深红色，然后凋谢，留下棉铃。棉铃成熟后便会裂开，露出里面柔软的纤维，纤维里包着棉花的种子——棉籽。

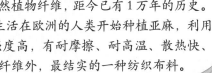

亚麻

亚麻是人类最早使用的天然植物纤维，距今已有1万年的历史。在 5000 多年前的石器时代，生活在欧洲的人类开始种植亚麻，利用亚麻制作衣料。亚麻的纤维强度高，有耐摩擦、耐高温、散热快、防水等优点。亚麻布是除合成纤维外，最结实的一种纺织布料。

大地的矿藏

地球上蕴藏着种类繁多的矿物资源，人们依靠这些大地的恩赐，创造与生产了各种各样的工具。矿物似乎离我们的生活非常遥远，但只要仔细观察，就能发现生活中有许多由矿物制造的物品。

小朋友们，仔细看看下面的图，一起来找一找由矿物制造的物品吧！

建筑材料用的**大理石**。

各种**矿物原石**砌成的特色外墙。

铅笔芯是由**石墨**制成的。

手表会用到**石英**做零件。

去屑洗发水成分中有硒。

防蛀牙膏含有萤石。

食盐来源之一是**天然盐矿物**。

颜料中含有云母。

这里是矿石加工厂，生活中用到的矿石大多在这里加工。

化肥 化肥

磷肥的来源。

打着石膏的病人。

制作轮椅用到的铁来自铁矿石。

漂亮的钻石也是由矿物加工而来。

59

矿物在岩层中的分布

还记得从地球深处爆发而出的岩浆吗？大多数矿物都是在岩浆活动的过程中形成的，少部分是在风化、沉积等过程中形成的。

1. 什么是矿物呢？

看到了吗？像这样有着晶体结构，自然形成的纯净物质就是矿物。它们有的呈规则的几何多面体，有的呈不规则的颗粒状，还有的长得像树枝一样，真是千姿百态！

2. 煤和石油是矿物吗？

在很长一段时间里，科学家就"什么是矿物"这一问题争论不休，反反复复讨论了许多遍。最终大多数科学家都认为矿物必须是均匀的固体，气体和液体都不属于矿物。煤因为没有明显的晶体结构，石油因为是液体，所以都被认为不是矿物。

3. 地球上有多少矿物？

目前已知的矿物约有 4 700 种。在固态矿物中，绝大部分属于晶质矿物，只有极少数（如水铝英石）属于非晶质矿物。除天然矿物外，还有宇宙矿物与合成矿物。

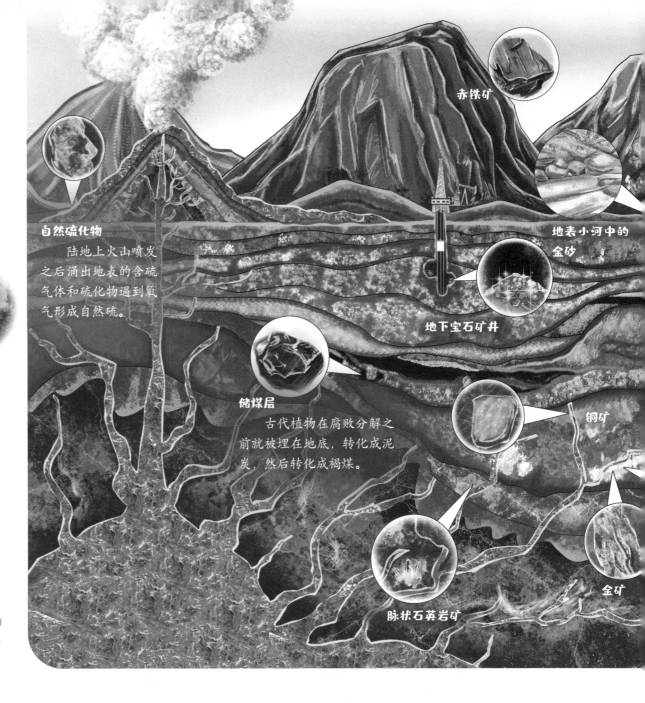

赤铁矿

地表小河中的金砂

自然硫化物
陆地上火山喷发之后涌出地表的含硫气体和硫化物遇到氧气形成自然硫。

地下宝石矿井

储煤层
古代植物在腐败分解之前就被埋在地底，转化成泥炭，然后转化成褐煤。

铜矿

脉状石英岩矿

金矿

一、自然元素矿物

自然元素矿物是没有和其他元素结合的单质矿物，分为金属元素（金、银、铜等）、半金属元素（砷、锑等）和非金属元素（石墨、金刚石等）。

目前，地球上已知的约有 40 种自然元素以自然状态存在于岩石中，约占地壳总质量的 0.1%，它们在地球上的分布极不均匀。

1. 人人都喜爱的贵金属

在 45 亿年前地球形成的时候，宇宙中许多小天体带有一些金元素，在它们撞击地球时陨石被熔化，金元素就被留下来了。金矿石通常呈树枝状、粒状或鳞片状。

银形成于热液矿脉，常见的是不规则的纤维状、树枝状和块状的集合体。在远古时期，人们就对银有了初步认识。银和黄金都是贵金属，至今仍被人们当作硬通货。

2. 石英

岩浆在侵入岩层过程中，由于温度、压力等条件的改变，分离出富含二氧化硅的热液，顺着层理、裂隙灌入变质岩中，或沿先期岩浆岩的接触破碎带侵入，形成脉状石英岩矿体。

石英是一种受热或受压就容易变成液体的矿物。也是相当常见的造岩矿物，在三大类岩石中皆有。因为它在岩浆岩中结晶最晚，所以通常缺少完整晶面，多半填充在其他结晶的造岩矿物中。

3. 地球上最硬的宝石

金刚石俗称"金刚钻"，人们常将加工过的称为钻石，未加工的称为金刚石。钻石是自然界中硬度最大的物质，它的颜色丰富多样，有白色、灰色、黄色、红色等。

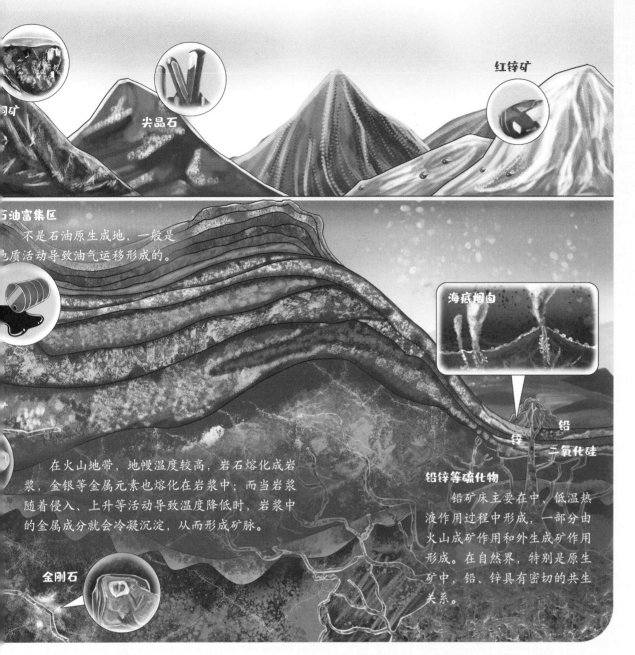

红锌矿

尖晶石

石油富集区

不是石油原生成地，一般是地质活动导致油气运移形成的。

海底烟囱

锌 铅 二氧化硅

铅锌等硫化物

铅矿床主要在中、低温热液作用过程中形成，一部分由火山成矿作用和外生成矿作用形成。在自然界，特别是原生矿中，铅、锌具有密切的共生关系。

在火山地带，地幔温度较高，岩石熔化成岩浆，金银等金属元素也熔化在岩浆中；而当岩浆随着侵入、上升等活动导致温度降低时，岩浆中的金属成分就会冷凝沉淀，从而形成矿脉。

金刚石

二、氧化物和氢氧化物

氧化物和氢氧化物的矿物种类较多，至今已发现的有 200 多种，它们在地壳中广泛分布，占地壳总质量的 17% 左右。这类矿物有尖晶石、红锌矿、赤铜矿、赤铁矿、红宝石与蓝宝石等。

1. 赤铁矿

赤铁矿是自然界中分布极广的铁矿物，大多出现在岩浆岩中，多呈片状、鳞片状、粒状等。赤铁矿除可以用来炼铁外，还可用于制作颜料和研磨材料。

2. 红宝石

红宝石是红色的刚玉。天然的红宝石十分稀少，多产自亚洲、非洲、大洋洲及北美洲和南美洲。红宝石颜色鲜红，质地坚硬，有着绚丽的玻璃光泽。

3. 蓝宝石

蓝宝石形成于岩浆岩和变质岩中，属于刚玉，古波斯人认为大地由一个巨大的蓝宝石支撑，它反射的光彩可以使天空的颜色呈现蓝色，因此把它看作忠诚和德高望重的象征。

三、硫化物

硫化物是指金属、半金属元素与硫化合而成的天然化合物，通常形成于水位较低的热液矿脉中。

热液硫化物是由于海水从地壳裂隙渗入地下遭遇炽热的熔岩成为热液，将周围岩层中的金、银、铜、锌、铅等金属溶入其中后从地下喷出，被携带出来的金属经化学反应形成硫化物，这时再遇海水凝固沉积到附近的海底，最后不断堆积形成"海底烟囱"。

人类最早开采的矿石

方铅矿可能是人类最早开采的矿石之一，4000 年前的古埃及人的化妆品中就含有铅成分。铅矿石晶体呈立方体，为铅灰色，具有金属的光泽。

铅是人类从方铅矿中提炼出来的主要金属，多数方铅矿中还含有银。

四、卤化物

卤化物矿物的种类很多，约有 120 种。它们与人们的生活密切相关。可以说，在衣食住行中，人们一刻也离不开这些矿物。比如，石盐是人类生活的必需品食盐的重要来源，它还可用于食物保存；钾盐是肥料的重要原料，还可以用在医药、香料、烟花、印刷等行业；光卤石可以提取金属镁，用于航空工业和照明原料。

人类生活的必需品——石盐

石盐是少有的能够食用的矿物，因此，它是早期人类第一批寻找和交换的矿物之一。古时候，石盐是食盐的主要来源。

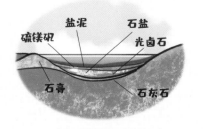

盐泥 石盐
硫镁矿 光卤石
石膏 石灰石

五、含氧盐矿物

　　含氧盐矿物是地壳中分布最广泛、最常见的一大类矿物，它们约占矿物种数的三分之二，包括碳酸盐、硝酸盐、硼酸盐、硫酸盐、磷酸盐、硅酸盐等。含氧盐矿物是许多工业的重要原材料，如化工、陶瓷、冶金等。本节将从各类含氧盐矿物中选取有代表性的矿物进行介绍。

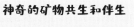

神奇的矿物共生和伴生

　　像孔雀石和蓝铜矿一样，当它们在同一成因、同一成矿阶段，出现在同一块矿石上时就是共生矿物，当它们在同一空间范围内出现，却不在同一块矿石上时，便是伴生矿物。

铜矿的标志——孔雀石

　　孔雀石是一种含铜的碳酸盐矿物，颜色为孔雀绿、蓝绿色，半透明至不透明，是良好的雕刻材料，既可雕琢为吊坠、戒面、项链，还可制成印章。

　　孔雀石产于铜矿床氧化带，主要为黄铜矿、辉铜矿的氧化产物，常与蓝铜矿共生或伴生。地质人员在野外找矿时，只要找到孔雀石，差不多就能发现铜矿的存在，因此也被当作铜矿的标志。

价值连城的文石

　　文石属于碳酸盐矿物，又称霰石，多呈豆状、球粒状，花纹多变化，颜色为白色、无色、灰色、绿色和蓝色，是收藏家争相收藏的奇石。

功能多样的石膏

　　石膏是化学沉积作用的产物，常形成巨大的矿层或透镜体，颜色也非常多变，有无色、白色、灰色、浅黄、浅红等。它的用途非常广泛，既可以用作建筑、化工的原料，也可用作清热药材。

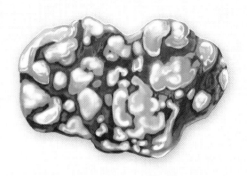

闻名世界的土耳其玉

　　土耳其玉即为绿松石，因为古代波斯产的绿松石经过土耳其运入欧洲而得名。它以不透明的蔚蓝色为主，是世界稀有的宝石品种之一。

云母

　　云母是云母族矿物的通称，包括黑云母、金云母、白云母、绿云母等。工业上用得最多的是白云母，其次为金云母，广泛应用于建材行业、消防行业及化工工业。

矿石是如何来到人们面前的呢？

小朋友们想不想了解一下，从人们发现矿石或者矿石的伴生矿，到各种各样的矿石加工品出现在人们的面前，这期间矿石经历了怎样的过程呢？

❶ 牧羊人在放羊时发现了露出地表的矿石。

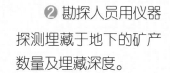

❷ 勘探人员用仪器探测埋藏于地下的矿产数量及埋藏深度。

❸ 经过精细考量后，建设矿井开采矿石。

❹ 将开采出来的矿石运送到矿石加工厂进行粗加工。

❺ 经过精细雕琢，成为人们面前精美的工艺品。

63

人民医院

住院部

妇产科

喜悦

医院产房里刚刚出生的婴儿。

难过

救护车送来了受伤的病人，后面跟着哭泣的病人家属。

人的一生

人类有自己的成长历程，从婴儿到童年、成年，再到老年与死亡，人的一生都在体验、感受与表达。

小朋友，你在什么时候感觉到痛苦，什么时候感觉到开心呢？你会经常做梦吗？一起来分享一下吧。

痛

小女孩不小心被花刺扎到了。

惬意

晒太阳的老人。

哇哇大哭的新生儿

蹒跚学步的孩子

背着书包上学的少年

珍惜民主权利 投好

18岁成年了，开始有选举权

投票箱

完成学业，开始上班

步入婚姻殿堂

人的一生

人的一生既短暂又漫长，我们从小小的婴儿逐渐成长为独立自主的成年人，再慢慢变老，直到走向生命的终点。

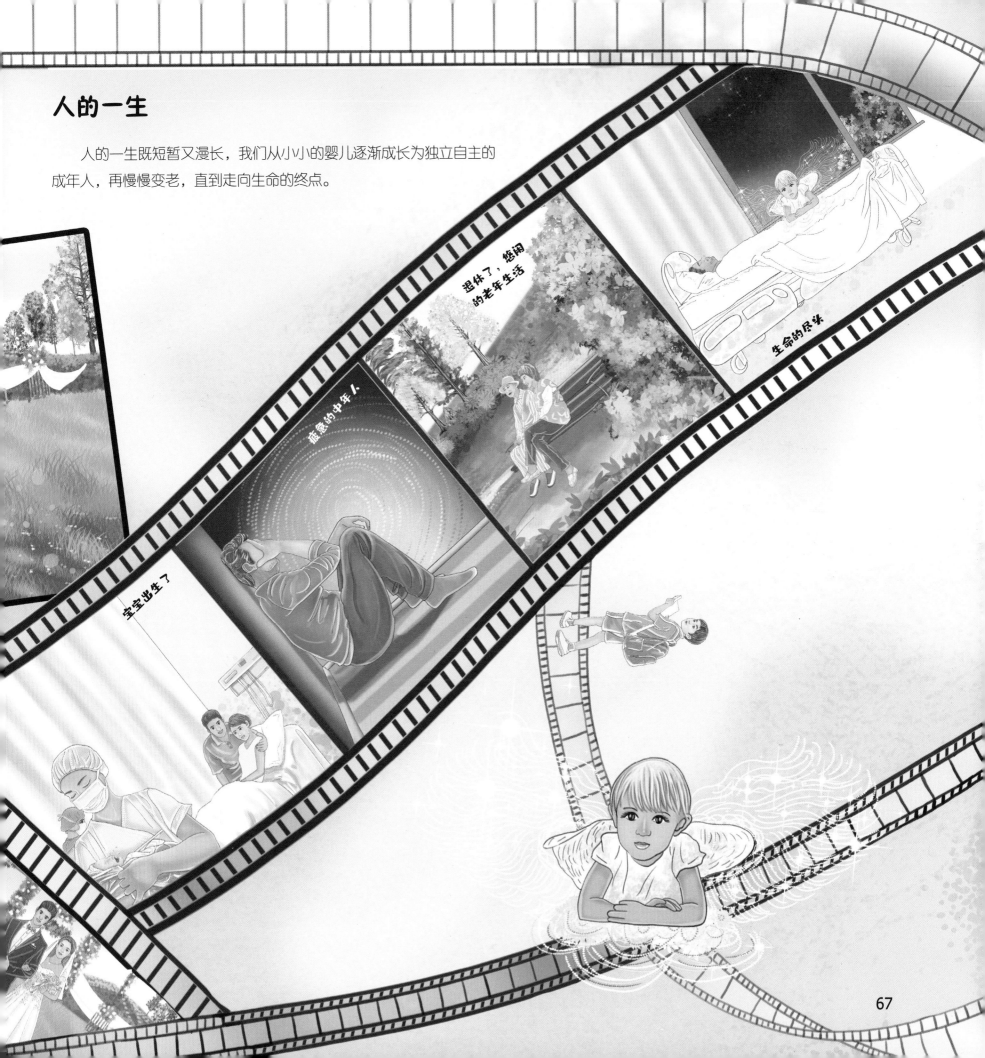

宝宝出生了

疲惫的中年人

退休了，悠闲的老年生活

生命的尽头

人的感觉

感觉是人最简单、最基本的心理活动，人类能够通过身体动作，尤其是面部表情表现出内心的情感。我们感到开心时，会大声笑出来；感到难过时，便会抽泣、号哭；感到羞耻、愤怒、骄傲或高兴时，面部会起红晕；感到害怕或悲伤时，脸色就会变得苍白……

七种情绪

快乐　　　　　　悲伤　　　　　　厌恶　　　　　　轻蔑

愤怒　　　　　　惊讶　　　　　　恐惧

感觉是怎么产生的呢？

当你不小心触碰到一朵玫瑰花的花刺，花刺刺破皮肤，遍布皮肤的感受器通过神经将"受伤了"这个信息传递给身体的统治器官——大脑。当大脑接收到这个信息时，人就会产生相应的痛感，肌肉就开始行动，帮你迅速将手缩回来。

神经通道上的信息传输速度非常快，我们被刺扎到、感到刺痛和缩手反应几乎是同步发生的。

人类对外部系统的感受通过神经系统的传达，最后转化为某种心理状态。例如，当你被玫瑰花的花刺刺伤，手指感到疼痛，进而产生对花刺的害怕甚至厌恶心理。

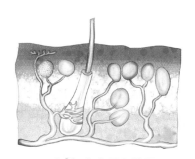

手指皮肤感受器特写

内部感觉和外部感觉

内部感觉主要有运动感觉、平衡感觉、内脏感觉；外部感觉主要有视觉、听觉、嗅觉、味觉和肤觉。

我们为什么会做梦？

梦是模糊的记忆，梦的内容或多或少都与我们的体验有关，白天看过一部动画片，晚上动画片里的人物和场景就有可能会出现在梦中。

人为什么会做梦？

我们入睡以后，有一小部分脑细胞仍然在活动，这是大脑在处理白天接收的信息。

我们在什么时候会做梦？

人的夜间睡眠一般由几个睡眠阶段组成，分为非快速眼动期（包括浅睡期、轻睡期、中睡期、深睡期）和快速眼动期。我们常在快速眼动期做梦。在这个睡眠阶段，人的眼睛会快速地无序转动，脑部代谢处于较高水平，海马体等区域也非常活跃。

睡前看了一会儿蜘蛛侠电影。

梦里自己变成了蜘蛛侠。

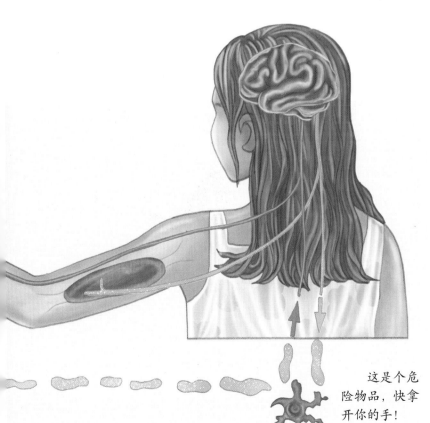

这是个危险物品，快拿开你的手！

为什么梦那么容易被忘记？

我们入睡时，并不是大脑的所有区域同时进入睡眠状态。研究人员发现，最后进入睡眠的大脑区域是海马体，它是短暂记忆转变为长期记忆的关键。当我们刚入睡时，海马体还在努力地为我们整理记忆；随着睡眠程度加深，海马体渐渐进入休息状态，停止工作；而当我们刚醒来时，海马体未完全进入工作状态，梦境的短暂记忆便不能被保存。

开采矿石

风能发电

当前社会人类逐渐意识到保护自然的重要性，谋求人与自然和谐相处。

工业社会人类学会了使用机器，改造自然的能力也空前加强。有时为了创造巨大的财富，不顾自然的承受能力，导致了严重的生态破坏。

农业社会人们刀耕火种，毁林开荒，在一定程度上破坏了环境，但生产力水平低下，对自然的影响也不是很大。

洪水淹没了良田和村庄。

火力发电站

工业发展，侵占林地

人类社会是怎么形成的？

最初的人类缺少行为规范，只掌握了适用于最普遍事物的少量词语，能够使用简单的语言交流，还没有形成完善的社会文明习俗。后来，他们找到了气候温和、土地丰饶的家园。他们聚居在一起，过着相似的生活，遵循着相同的习俗，说着同一类语言，被共同的习俗和语言约束在一起，逐渐形成了一个小部落，这就是最初的人类社会。

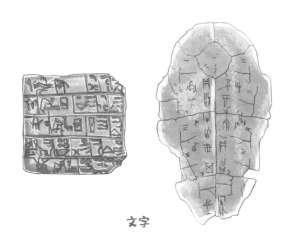

文字

金属工具

国家

人类早期的文字

楔（xiē）形文字：公元前3100年，在美索不达米亚地区，苏美尔人创造了楔形文字。他们在石头或黏土上刻画图像表达意思，如用波浪线表示水，用星的图像表示星星……

甲骨文：商朝时期，我国古代先人在龟甲和兽骨上刻字，这便是甲骨文，它是我们目前能见到的最早的成熟汉字。

一般认为，金属工具的出现、文字的发明和国家的形成是人类跨入文明社会的三大标志。

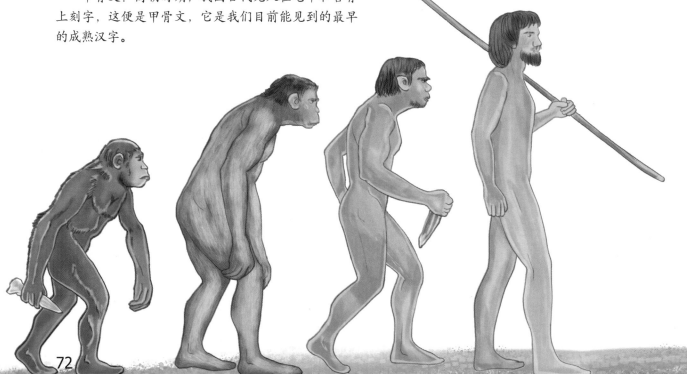

谁是人类的祖先？

人类的祖先到底是谁呢？在科学界，历来有许多争论，其中一个广为人知的答案便是猿类。根据已有的人类化石，科学家认为，生活在约1000万年前的南方古猿是"正在形成中的人"，在距今800万至500万年前，人科动物的历史开始了。

人类的优越性

布封认为，语言是人类优越性最突出的体现。人类通过语言传递思想，让同类理解自己的意思。但是，动物没有这种思维信号，它们不具备思想的连贯性，也无法进行创造与发明。

动物有语言吗？

自然界的动物同人类一样，也要相互交换思想感情、传递信息，它们有一套和人类不同的语言体系。比如用声音、气味或行为来传递信息，这就是动物的"语言"。

声音语言

许多动物都会发出声音，这是它们交流信息的重要手段。海豚会发出哨音、脉冲声和咔嗒声。前两种声音主要用于海豚之间的沟通和交流。

行为语言

蜜蜂发现蜜源后，会用特别的"舞蹈"向同伴通报蜜源的远近和方向。

气味语言

工蚁发现食物时会分泌集结信息素，巢中的同伴"闻"到后就会集合前往。

动物语言和人类语言一样吗？

许多动物也可以发出声音来表示自己的情感，或者通过行为语言等传递信息，但这些都是固定的形式，不能随机变化。而人类却能够把无意义的语音按照各种方式组合起来，成为有意义的语言单位，再把各种各样的语言单位组合成不同的文字，用无穷变化的形式来表示变化无穷的意义，因此，动物语言和人类语言有着本质的区别，人类语言才是真正的语言。

傻孩子，狗狗听不懂你的话。

汪汪汪，坐下！

汪汪汪！

脑海里的声音

你会在心里对自己说话吗？除了说出口的语言，我们还有一种自问自答、不出声的语言，这就是内部语言。内部语言是人在思考时的语言活动，它能够帮助我们整理自己的思路，提高注意力，管理和调节自己的行为。

今天吃什么呢？

人类改造自然

大自然指挥一切造物，在生物之间设立了一种有序的、和谐的关系，它指挥人类去美化大自然，耕种土地，扩展土地，修剪荆棘，大量种植葡萄和玫瑰。相应地，人类也拥有能影响大自然的力量。

鱼嘴

内

外

江

江

飞沙堰

宝瓶口

都江堰

都江堰是人类改造自然极为优秀的实例。

迄今为止，它是全世界年代最久、唯一留存且仍在使用的，以无坝引水为特征的水利工程。

都江堰利用当地的地形和水势，以鱼嘴、飞沙堰、宝瓶口三大工程，解决了泄洪、排沙两大难题。

1. 美丽而壮观的梯田

梯田也是令人惊叹的人类改造自然的方式之一。据考证，梯田最早出现在史前时期，当时人们用它来种植粮食作物或作为防御工事。如今，世界上许多地区都有梯田分布，它们把山坡切成一块块平地，使在丘陵地带大面积种植庄稼成为可能。

2. 水力发电

水力发电是将水的势能转换成电能的发电方式。常见做法是在能产生落差的河流处建大坝，利用水位的落差推动水轮机旋转，进而带动发电机发电。水力发电是一种清洁、无污染的发电方式。

3. 植树造林

防护林是为了达到保持水土、防风固沙等目的营建的人工林，是人们为对抗土地沙漠化而采取的措施。

我们一起保护大自然吧！

保护大自然，应当从我做起。小朋友们应如何爱护大自然呢？

1. 尊重生命：爱护身边的花草和小动物。大自然不仅是我们人类的家园，也是动植物的家园。虽然它们无法用言语表达自己的感受，但是它们也在用自身的力量影响自然、改变自然。

2. 垃圾分类：不给大自然增加负担。生活中产生的很多垃圾是可以回收再利用的，而随意丢弃会造成环境污染，所以，正确的垃圾分类可以帮大自然减轻很多负担。

3. 节约资源：自然资源是有限的，而我们的生活又离不开自然资源。随手关灯、不浪费水和粮食，这些都是我们力所能及的小事，却能为保护地球做出微薄的贡献。

4. 绿色消费：养成绿色低碳的消费习惯，买玩具不在多，够用就好，穿不下的衣服也可以捐献给需要的小朋友。

结束语

亲爱的小朋友们，大自然的美丽，再华丽的语言也无法描绘万分之一。我们的这本书也只是为小朋友们打开一扇探索世界的窗口，引导大家认识身边的动物、植物和矿物，学会爱护地球、保护环境。要想领略大自然的无穷魅力，就请到大自然中一起探索吧！